目 次

実験の価値は，目的に適する実験結果が果して得られるか自分の眼で確かめ，自分で何故かと考えながら行なう過程にある．したがって，与えられた時間内に必要な測定をするだけでなく，グラフに示し，計算を行ない，いろいろと検討を加えて結果を明らかにすることが重要である．責任のもてる失敗の記録は尊い．

○ 物理実験について

　工学系の学部においては，自然科学の知識を生活の中に具体的に実現することを目的として，それを体現する人すなわち技術者を養成することが大切な使命である．そのためには，書物等の文献からの知識だけでなく，自ら手足を動かして行う「実験」が重要視される．

（ⅰ）実験の実施方法

　履修する学生を2つのグループに分け，各グループは隔週に半期5回の実験をする（それぞれのグループが毎週交互に実験を行うことになる）．実験は全部で11テーマ用意されており，基本的には2～3名で実験を行う．実験室で各班の実験テーマを選定するので，学生は指示された日程に従って順次実験を実施する．

- ・実験場所：物理実験室（4号館2階40205室）
- ・入室時間：開始10分前より
- ・グループ分けおよび班編成は，実験室前掲示板に掲示する．

　すべての実験を行い，レポートをすべて提出した者のみが評価の対象となる．

（ⅱ）実験室における注意

- ・実験の授業中であることを認識し，良識ある行動を心がけること．飲食は厳禁である．
- ・以下のものを必ず準備して臨むこと．
    テキスト，グラフ用紙，直定規，曲線定規，関数電卓．
- ・実験中は白衣の着用が望ましい．
    白衣を使うのは，自分が汚れず安全であるという機能性とともに，気持ちを引き締める効果があるためである．したがって白衣を用意できないときはそれに準じた服装をすること．
- ・時間を厳守する．遅刻した場合は直ちに教員に申し出て指示を受ける．申し出が無い場合，欠席扱いになる．
- ・実験器具，装置類の破損あるいは事故等が生じたときは，必ず届け出ること．

・実験終了後は，実験台上を必ず開始前の状態に戻すこと．

（iii）レポートについて

実験はレポートの提出をもって完結する．この後にある「レポートの書き方に関する注意」をよく読んで作成すること．提出の仕方，提出期限等は，ガイダンスで指示がある．

【参考書】

（ i ）廣川，小倉 共編「工科系の物理学実験」(学術図書出版社)

（ii）木下是雄 著「理科系の作文技術」(中公新書)

（iii）山口喬 著「エンジニアの文章読本」(培風館)

（iv）井上勝也 著「科学表現」 (培風館)

さらに読むことを薦める本

（ v ）中島重旗 著「技術レポートの書き方」 (朝倉書店)

（vi）田中潔 著「科学論文の仕上げ方」 (共立出版)

（vii）Robert Barrass 著/富岡，伊沢 訳「科学者のための文章読本」 (南江堂)

○ レポートの書き方に関する注意

（i）概　　要

　レポートの目的は，実験結果をその内容をよくは知らない他人に報告することにある．したがって，内容をできるだけ客観的に表し，誰が見ても同じ意味にとれるようにする事が重要で，そのためにも，表現をわかりやすく，明確に書くことを心がける必要がある．次の指示を守ること．

(1) レポート用紙（罫線入り）およびグラフ用紙は，A4判を使用し，片面縦，左綴じとする．グラフ等で用紙を横向きに使ったときは，グラフの上側を綴じの方向に向けて綴じること．

(2) 筆記用具はペンまたはボールペンを使用し，色は黒または青で統一し，手書きとする．鉛筆は不可．パソコンを使用する指示があった場合は，行間隔，字数等を手書きの場合と大差なく設定すること．

(3) グラフ，図面は適切な定規を使用し，レポート本文と同じ色のペンで手書きとする．

(4) 右上または下中央にページを付ける．

（ii）表　　紙

　レポートには必ず表紙を付ける．表紙は実験開始時間直後の出欠確認時に個別に配布するので，他人の表紙と間違わないように注意する．また，上部にはバーコードが印刷されているので汚さないこと．書き方は以下に示す．

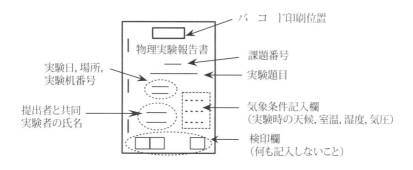

図 1: レポート表紙

(iii) レポートの項目

レポートは，特に指示がない限り，次の 10 項目に分けてこの順序に従って書く.

(1) 目的　　(2) 原理　　(3) 使用器具　　(4) 実験方法　　(5) 実験データ
(6) 計算　　(7) 結果　　(8) 検討事項　　(9) 感想・反省　　(10) 参考資料

この 10 項目以外の項目を自分で作って，上記の項目のかわりに用いたり，追加して用いることはレポートを読む人に混乱を与えるだけでなく，まちがいの原因となるので好ましくない．また，10 項目のどれにも該当しないような事はないはずである．

(1) 目的： 実験指導書に書かれている目的を要領よくまとめ，簡潔に書く．

(2) 原理： これも指導書をよく読み，図や式などを交えて簡潔にまとめて書く．最小限計算で使う式と，式中の変数の説明は必要である．

(3) 使用器具： 使用した主要な器具を書く（＊下記【注意】参照）．

(4) 実験方法： 自分で実際に行った実験手順の要点を簡潔に書く．

(5) 実験データ： (改ページ) 得られた結果を実験条件とともに見やすく表にまとめ，必要があればグラフ化する．グラフはグラフ用紙に書くこと．表やグラフを書く場合は，単に表やグラフだけを書くのではなく，何の表・グラフであるかがわかるように本文中で説明する．

(6) 計算： (改ページ) 実験データから計算により目的とする結果を得る場合，計算過程を示す．同種の計算が多数ある場合には手順の例を示し，それぞれの計算式（数値）をかく．「実験データの処理の仕方」を読んで，測定値の有効数字を検討しながら計算すること．計算がない場合にはこの項目は省く．なお，データシート上の計算もこの項目内にまとめる．

(7) 結果： 実験で最終的に求めた，項目 (1) の目的に対する結果をわかりやすく整理して書く．

(8) 検討事項： (改ページ) テキストで与えられた課題につき，他の資料等を調べて自分なりの考えをまとめ，わかりやすく書く．最初の課題は，その実験の結果の吟味が求められることが多いので，標準的な値との比較，誤差の検討，その原因の考察等を十分に行う．なお，資料等を調べた場合は，その資料を項目 (10) の参考資料に記載して引用すること．

(9) 感想・反省： この実験で感じたこと，実験方法についての意見などを書く．

(10) 参考資料： レポートで参考にした資料や引用した資料があれば記載する．参考にした資料等には通し番号をつけ，本文で引用した箇所にその番号を入れる．

【注意】　項目 (1)～(4) までを，**レポート用紙 2 ページ以内**にまとめること．
(3) は省略しても良いが，その場合は項目番号が 1 つずつ繰り上がることに注意する．
要領の良い省略と，それでもなお他人に実験内容を説明できる表現力が求められる．

レポートの構成を以下に簡単に図示する．なお，「改ページ」の指示のところでは，前の項目がページ途中で終了した場合でもページを改めてから次の項目を書くこと．

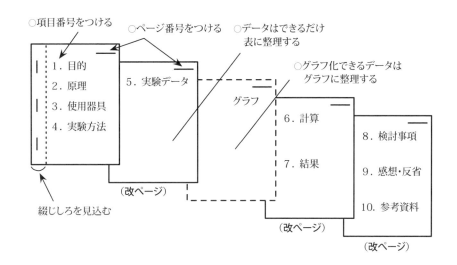

図 2: レポートの構成と項目

（iv）レポートの枚数，書き方

よくレポートは，たくさん書いたから良いとか，枚数が少ないから気がひけると感じている人がいるようだが，レポートは必要な事柄を過不足無く表現するのが最良で，必要以上に枚数が多かったり，逆に，省略しすぎたものは好ましくない．しかし，特に興味があるテーマに関して，十分に考察したことを書いたためにレポートの枚数が増えるという事は何らさしつかえない．文字や数字は，はっきり楷書で書くようにし，線（直線，曲線）は定規を使用して書くようにする．これは自分で書いたことを他人に正確に伝えるために是非心掛けねばならぬマナーである．

（v）書きまちがいの処理

レポートで書きまちがえた場合には，その部分を修正液や修正テープ等で消して書き直すか，その部分に紙をはってその上に書き直すかすればよい．この操作をきちんとしてある修正部分は決して見苦しいものではなく，見間違えの原因にはならない．しかし，書き間違えた部分を上から線を引いて消したり，間違い部分を完全に消さずに，上から重ねて正しい文字を書いたりするのは，読みにくいばかりではなく見苦しく，読み違いの原因をつくる．レポートをワープロで作成した場合，修正したものをプリントし直すのが原則である．

（vi）表の書き方

　実験データの整理や計算の便利のために，数値を表の形にまとめることが多い．要領よくまとめられた表は，後で見返すのが容易で，計算における単純な誤りを少なくし，他人が見たときにも見やすい等の利点がある．したがってレポートの中で，このような表の利点を利用することは，良いレポートを書くのに欠かせないことである．表をつくる時には，限られたスペースの中で場合に応じて1つの表にどういう物理量を一緒にするか，その形はどうするかなど，前記の利点を十分に生かすように各自工夫しなければならない．その際，特につぎの事柄に注意すること．

(1) 表には，どういう測定量がまとめられているか，あるいはどういう量の計算をしているのかを示す簡単なタイトルをつけ，タイトルの前には表番号をつける．

(2) 各々の欄の物理量は，それを表わす記号だけでなく，物理量の名前と単位も欄の中に書く．たとえば温度を表わすのに t という記号を使用したいとする．この時，表欄には「t」のみでなく，「水温 t (°C)」 というように書くべきである．

(3) 1つの表は，タイトルに示されている内容がレポートの他のページを見なくとも，わかるように作られていなければならない．

(4) 1つの表は，1ページ以内にまとめる．どうしても複数ページにわたるときは，新たに表題等をつける．

(5) 表の外ワク（および内の縦横）の線は定規を使って，きちんと描くこと．レポート用紙の横ケイを代用する場合は内ケイに限り，見にくくならないようにする．図3に表の書き方の例を示す．

(6) 表が複数ある場合の表番号は，出てきた順に通し番号をつける．また，表を書いた際は，何の表であるかを本文中で説明すること（例えば，「表1に周期 T の測定結果を示す」など）．

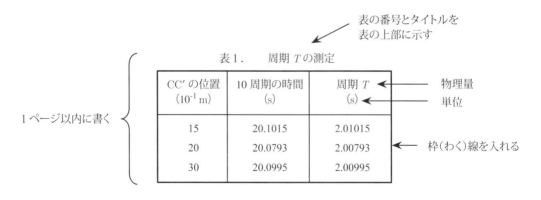

図 3: 表の書き方

（vii） グラフの書き方

実験結果をグラフに表わすことはよく行われる．原則として一枚のグラフ用紙には1つのグラフを作成し，最低次の事柄が記入されていなければならない．なお，グラフは手書きとする．

（a）図番号とタイトル

「図3.□□□□の特性」のように表現し，普通，グラフの下に書く．

これは，そのグラフが何を表わしているのかを示すもので，「□□□に対する□□□の依存性」とか「□□□に対する□□□の変化」等のように表現する．この場合，例えば横軸に温度，縦軸に長さを表すとき，「長さの温度依存性」又は「温度に対する長さの変化」と書いたのでは，いったい何のグラフなのかわからない．単に二つの量の変化だけでなく，「何の長さ」「何の温度」というように書かなければ，タイトルの意味がない．なお，グラフが複数ある場合の図番号は，出てきた順に通し番号をつける．また，グラフを書いた際は，何のグラフであるかを本文中で説明すること（例えば，「図1に□□□に対する□□□の依存性のグラフを示す」など）．

（b）縦軸の物理量と横軸の物理量

これも「□□□の長さ」とか「□□□の温度」というように書く．また，これらの量がすでに式等の中で表現されている場合には，その記号も書くべきである．単位は括弧でくくると分かりやすい．

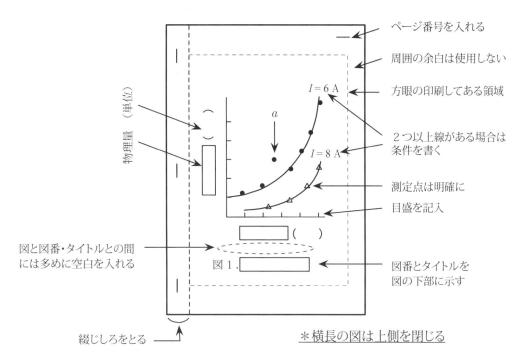

図 4: グラフの書き方（縦長の場合）

（c）測定点と曲線

　曲線ははっきりと描いてあるが測定点を入れていないもの，あるいは入っていても非常に見にくいものがよくある．これは曲線さえはっきりしていれば測定点はどうでもよいという考えのあらわれかもしれない．しかし，この二つは異なった性格のものである．測定点は実験結果の正確な表現でなければならないが，それらを基にして作る曲線は，実験結果の外に他の要素を含んでいる．

　例えば，明らかに測定のミスと思われる測定点（図4のa点）は，これをはずして曲線をつくる．この操作をしないと，実験結果以外に他の要因が曲線に組入れられたことになる．曲線を作る要素にはいろいろあって，関係を示す理論式や，他の標準的データー等が考えられる．曲線は，これらの事を総合して表現するもので，単に測定点をつないだものではない．**グラフは必ず定規（直線，雲形，自在定規）を用いて作成すること．**フリーハンドで書くと不正確になりがちで，そのグラフの品位をおとす．また一つのグラフに何本かの曲線が入る場合，**曲線の実験条件（パラメーター）を書き込む．一色で実線，破線，鎖線等を用いるか，又は測定点の記号をかえることで区別し，色分けをして区別することはしない．**報告書や論文ではコピーされたり，印刷されたりすることが多く，その場合，カラーでなされる例は非常に少ないからである．グラフ用紙は普通紙が好ましく，トレーシングペーパーは適当でない．また，**横長のグラフは上部を閉じる．**とじの部分を考慮して書かないと，とじたために縦軸が見にくくなるので注意が必要である．なお，**コンピュータソフトを使用したグラフ作成は，現時点では認めていない．**

（viii）図面の書き方

　文字はインクで書いているのに図面は鉛筆で書いてあるレポートがよくあるが，図面もインクで書くこと．物理実験では，図面は装置の説明図の場合が多いが，これもグラフ同様フリーハンドで書かないで，定規を使用して作図した方がよい．装置の説明図の場合，寸法通り正確に書く必要はないが，実験で実際に使用したものについて書くこと（テキストに図示されている装置と，実際に使用する装置は一部異なることがある）．また，装置の各部の説明は，図の中に記号を入れ，これに対応づけて行えばよい．テキストの図をまる写しにして，しかも，その記号を本文の説明に全く引用していないレポートがよくある．これは自分の意志を他人に正確に伝えるどころか逆に混乱を与えている悪い例といえる．なお，テキスト等の図をコピーしてそのまま貼りつけることは認めない．

（ix）参考資料の引用方法

　参考資料を引用する場合，著者名，本の名称（タイトル），出版社（アドレス），出版年，ページ，などを記載すること．インターネットのURL（Uniform Resource Locator）は不可．

　例：　（ⅰ）廣川，小倉　共編「工科系の物理学実験」(学術図書出版社, 1990) p. 212.

○ 測定器の使い方

物理実験でしばしば使われる測定器について，一般的な使い方と注意を簡単に説明する．

（ⅰ）長さの測定

（1）直尺（スケール）

一端を合わせようとせず，図 5 のように**測定物（試料）の両端を最小目盛りの 1/10 まで目分量で読みとり**，両端の目盛の差をとることで試料の長さを計測する．

$$（試料の長さ）＝（右端の目盛の値）−（左端の目盛の値）$$

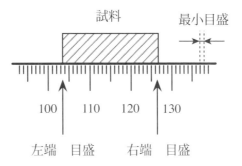

図 5: 直尺を使った長さの測定

（2）ノギス [*1]

図 6 に示すように，ノギスは測定するもの（被測定試料）をはさんで被測定試料の長さを測定する器具である．

[*1] 発明者ポルトガルの数学者 Pedro Nunes (1492-1577) のラテン名 Nonius にちなむ．

ノギスの A の部分で被測定試料をしっかりはさんで，ネジ D をしめ，被測定試料からはず
し，主尺 E と副尺（バーニャ）C とを使って被測定試料の長さを読む．B の部分は円筒の内径
などを測る場合に使う．A, B の部分に「きず」をつけないように注意する．目盛り C の読み
方は，次の副尺の読み方を見よ．

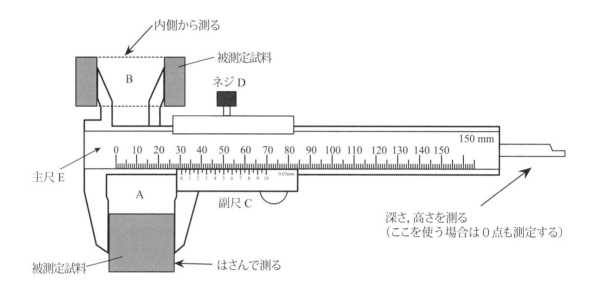

図 6: ノギスを使った長さの測定

・副尺（バーニア）の読み方

図 7 のように，長さ，角度の測定器に主尺の他に副尺のついているものがある．これは主尺
の最小目盛りの間を読みとるときに読みとり精度を上げるものである．ノギスを例に副尺の用
い方を説明する．図 6 に示すようにノギスで試料の寸法を測ったときの目盛りが図 7 のようで
あったとする．このとき，副尺の目盛りの「0」の位置を見るとこの試料は主尺の目盛りの 30
mm と 31 mm の間の寸法をもつことがわかる．この試料の寸法 30. ○ mm の「○」を読むの
に副尺を用いる．主尺と副尺の目盛りを見くらべると，副尺の「7」と「8」の間の短い目盛が
主尺の目盛りと一致している．したがってこの試料の寸法を 30.75 mm と読む．この副尺の一
目盛りは主尺の一目盛りの 39/20 になるようにきざんであることを考慮して，なぜ 30.75 mm
と読んでよいのかを考えよう．副尺には，この例で示した主尺の 39 目盛りを 20 分割してある
ものの他に，19 目盛りを 20 分割したものや，角度測定などの場合 29 目盛りを 30 分割してあ
るものがある．それぞれの読み方は上の例のように主尺，副尺の目盛りの一致した所の副尺の
目盛りを主尺の読みに加えればよいが，その理由も考えてみよう．

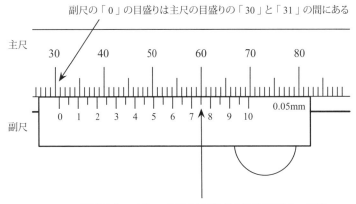

副尺の「0」の目盛りは主尺の目盛りの「30」と「31」の間にある

主尺

副尺

0.05mm

副尺の「7」と「8」の間の目盛りが主尺の目盛りと一直線

図 7: ノギスの副尺の読み方

（3）マイクロメーター

　ノギスよりももっと高精度で長さを測定することができる器具に図8に示すマイクロメーターがある．Aの部分に試料をはさんで測るのであるが，このとき必ずラチェットRをつまんで回す．Rは，ある一定以上の力に対して空転するようになっているので試料をつぶしてしまったり，強くAに押しつけて，マイクロメーター自身を変形させることがさけられる．

　ネジの1回転でAの間隔は0.5 mm変わる．Bの部分は円周を50等分してあるので，最小目盛りは0.01 mmに相当する．測定の初めと終わりに何もはさまないで0点がずれているかどうか調べ，ずれていたらその平均を測定値に補正する．Cはネジのクランプ（止め）で，これをしめた後ではDでネジを回転させることは「絶対」にしてはいけない．マイクロメーターの一番重要な部分であるネジを，変形させてしまうからである．

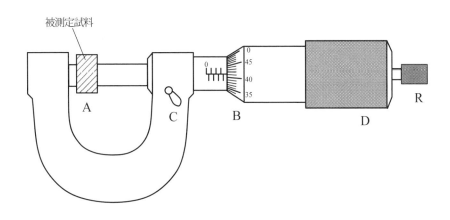

被測定試料

A　　C　　B　　D　　R

図 8: マイクロメーターを使った長さの測定

（ii）電圧計，電流計

　各種の電圧計，電流計は，その測定波形，型式 (測定機構)，計器の置き方が表1のような記号で目盛板に示されている．

表1　指示計器の分類に使われる記号

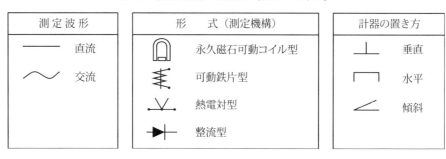

測　定　波　形	形　　式（測定機構）	計器の置き方
── 直流	永久磁石可動コイル型	⊥ 垂直
∿ 交流	可動鉄片型	⌐ 水平
	熱電対型	∠ 傾斜
	整流型	

　実際に使用するとき，特に注意すべきことは「測定波形」の区別と「計器の置き方」を間違えないようにすることである．正しく使われない場合には，測定値が不正確になるばかりでなく，計器自身を破損することがあるので十分に注意して欲しい．また，計器によってはいくつかの測定範囲（レンジ）に切り替えられるようになっているものもある．このときは，被測定電圧または電流に応じたレンジを使うことを忘れてはならない．過大な信号を入れれば計器が焼損する．

　各計器には必ず，誤差を示す数字が目盛板に記されている．例えば，「Class 1.0」とか「1.0級」は最大 100 V のレンジで測定する場合の誤差は ±1 V であるということであり，100 V より少ない電圧を測定しても ±1 V の誤差を含むということである．したがって，9 V の電圧を測るときは 100 V レンジを使うよりは，10 V レンジを使う方が誤差ははるかに少ないのである．市販されている計器の精度には次のものがある．

0.2 級	±0.2%	副標準用
0.5 級	±0.5%	精密測定用
1.0 級	±1.0%	普通測定用
1.5 級	±1.5%	工業用普通測定用
2.5 級	±2.5%	確度に重きをおかない

　デジタル計器の場合は，レンジを測定値に対して適切に選択すること．多くの桁数が表示される場合，特に有効数字の判断に注意が必要である．

【参考書】

（ⅰ）　東海大学物理学実験連絡協議会 編「物理学実験」（東海大学出版会）p.39〜

（ⅱ）　永田，飯尾，宮田 編「基礎物理実験」（東京教学社）p.10〜12

（ⅲ）　佐々木，橘高，永田 著「物理学実験」（内田老鶴圃）p.10〜13

○　実験データの処理の仕方 (有効数字)

実験では，各種の測定機器を用いて色々な物理量（物体の長さや質量など）を測り，これらの量を基にして他の物理量（面積や密度など）を計算によって求める．ここでは，実験によって得られた物理量すなわち測定値と，それらを使って計算するときに知っておくべき，必要最小限の事柄について説明する．

（ⅰ）測定値と誤差

ある量を測定するということは，求める量に基準になる量（単位の量）を定め，その量の何倍に相当するかを決めることである．したがって，実験によって得られた**測定値**は，単位の量に対する倍率を表す**数値 (大きさ)** と**単位の量**とを示してはじめて測定値として意味のある表現となる．例えば，試料の長さを測定する場合，1 m を単位の量として，直尺などで試料の長さがそれの何倍であるかを示す数値を測る．このときの倍率としての大きさが 1.23 であれば，測定値は 1.23 m と表される．SI 単位系では，長さは m（メートル），質量は kg（キログラム），時間は s（秒），電流は A（アンペア）のそれぞれの単位で表され，他の量はそれらを組合せてつくられた単位で表される．

計器を用いて物体の長さや質量などを測ったときには，計器の精度の限界とか，実験者の技術などによって，測定値には真の値からのずれがあると考えられる．どのような測定でも，用いている測定器で読み取れる最小の桁（目盛）が決っていることや，測定器の精度等のために，真の値を知ることはできない．このとき，真の値と測定値との差を**誤差**，誤差と真の値との比率を**誤差率**という．実際の測定では，真の値を知ることは困難であるため*1，ここでの誤差や誤差率の計算は標準的な値（理科年表などの文献値）に対して以下のように行うこととする．

$$（誤差）　=　（測定値）-（標準的な値）$$

$$（誤差率）　=　\left| \frac{（測定値）-（標準的な値）}{（標準的な値）} \right| \times 100 （\%）$$

ある量の真の値を知ることは，上に述べたような測定に伴う現実的な事柄にもよるが，少し考えればわかるように，原理的にも不可能である．したがって，真の値がわからなければ実験における 1 回 1 回の測定の誤差も知ることはできない．しかし，同じ測定を何回かくりかえす

---

*1 真の値が既知の場合の測定例としては，直径に対する円周の長さの比の測定がある．

ことによって，最も確からしい値を求めることができる[*2]．

測定には多くの不確定な要素があり，それぞれの不確定さの程度も異なるので，誤差の大きさについては一般的に論じることはできない．しかし，実験で最もよく使われる測定器については目安として，次のように考えておいてよい．直尺や指針のある測定器のように，最後の桁を実験者が目分量で読み取るアナログ式の測定器では，この桁の値に，±1 ぐらいの誤差があり，一方，デジタル式の測定器では，最小の桁にもっと大きな誤差があるのが普通である．

（ii）有効数字

例えば，最小目盛 1 mm の直尺を用いて，ある試料棒の長さを測定する場合を考える．最後の桁は直尺の最小目盛りの 1/10 を目測で読んで，4.56 cm という測定値を得たとする．これは試料棒の最も確からしい長さに近い値である．4 や 5 はもちろん意味ある数字で，最後の桁の数 6 は目測で（つまり，次の桁を四捨五入して）決めたものであるが，1 や 8 ではなく 6 の方が確からしい値に近いという意味で，有効な（意味ある）数字である．試料棒の長さとして，最小目盛 1 mm の直尺を用いて求まった最も確からしい値を示す 3 つの数字，4，5 と 6 を**有効数字**といい，この測定のときの有効数字は 3 桁であるという．

一般に全ての測定値は，測定に使う機器の精度によって有効数字が限定される．測定結果を記録するには，測定精度に合わせた有効数字で表すべきである．必要以上に数字を並べることも，必要な数字を落としてしまうこともないように，適切な数の有効数字を使うようにしなければならない．

実験で取り扱う数値は，非常に大きなものから小さなものまである．こうした広い範囲の数値を表すには，小数点の左に 1 位の数字（1 から 9 まで）がくるようにして，これに 10 のべきをかけた形で書くのが，標準的な記法である．この記法を用いると，測定値の有効数字をはっきり示すことができる．

例えば，ある物体の質量を測定して，その測定値を 1200 g と記したとき，最後の 2 つのゼロが小数点の位置を示すために使われているのか，それとも 2 つのゼロが測定の有効数字を表すのか明確でない．つまり，最小の目盛が 1 g の（すなわち 0.1 g の桁は目測で求める）秤で測った有効数字が 2 桁の値なのか，10 g の（すなわち 1 g の桁は目測で求める）秤で測った有効数字が 4 桁の値なのかがわからない．したがって，測定値の有効数字が 2 桁であれば質量は 1.2×10^3 g と表し，有効数字が 4 桁であれば 1.200×10^3 g と表す．

同様にして 0.00012 のような数は，有効数字が 2 桁であれば 1.2×10^{-4} と表し，有効数字が 3 桁であれば 1.20×10^{-4} と記すべきである．この例の小数点と小数第 4 位の桁の 1 との間の 3 つのゼロは，位どり（小数点の位置ぎめ）を表すために過ぎないから有効数字ではない．

（iii）測定値の計算

測定値に基づいて計算によって他の量を求めるときにも，有効数字に注意して，無意味な桁

[*2] 誤差の出方に対して成り立つ統計的な法則をつかって求める．測定値の誤差についての詳細は，誤差論の専門書を参照してほしい．

まで値を出さないように注意しなければならない. 以下の例によって, 有効数字について理解を深めるとともに, 測定値を使った計算に習熟してほしい. ここでは, 数値のうちで誤差を含む桁の数字を下線で示す.

（1）加算・減算の場合

　一般には, いくつかの数値の足し算や引き算をするときの答えの有効数字は, 小数点を揃えて計算した結果を四捨五入によって最も少ない小数位で数値が終わるものに合わせる.

（例 1）　　$3.4\underline{6} + 5.32\underline{3} = 8.7\underline{8}$

$$
\begin{array}{r}
3.4\underline{6} \\
+\quad 5.32\underline{3} \\
\hline
8.7\underline{83}
\end{array}
$$

左辺の第 1 項の数値は小数第 2 位まで, 第 2 項は少数第 3 位までが有効数字である. 第 1 項の少数第 3 位は不確かであるから, 答えも少数第 3 位を四捨五入して 8.7$\underline{8}$ とする.

（例 2）　　$4.1\underline{3} \times 10^2 + 3.2\underline{5} \times 10^3 = (4.1\underline{3} + 32.\underline{5}) \times 10^2 = 3.6\underline{6} \times 10^3$

$$
\begin{array}{r}
4.1\underline{3} \times 10^2 \\
+\quad 32.\underline{50} \times 10^2 \\
\hline
36.\underline{63} \times 10^2
\end{array}
$$

まず 10 のべきを同じ値に揃えるため, 第 2 項を $32.\underline{5} \times 10^2$ と書き直して第 1 項に加えると, $36.\underline{63} \times 10^2$ となるが, 第 2 項の小数第 2 位までに合わせて, 答えは $36.\underline{6} \times 10^2 = 3.6\underline{6} \times 10^3$ となる.

（例 3）　　$1.000\underline{1} + 0.000\underline{3} = 1.000\underline{4}$

$$
\begin{array}{r}
1.000\underline{1} \\
+\quad 0.000\underline{3} \\
\hline
1.000\underline{4}
\end{array}
$$

左辺第 2 項の有効数字 0.000$\underline{3}$ は桁数が 1 桁しかなくても, 和は有効数字 5 桁である.

（例 4）　　$1.00\underline{2} - 0.99\underline{8} = 0.00\underline{4}$

$$
\begin{array}{r}
1.00\underline{2} \\
-\quad 0.99\underline{8} \\
\hline
0.00\underline{4}
\end{array}
$$

左辺第 1 項の有効数字は 4 桁, 第 2 項のそれは 3 桁であるが, 結果の有効数字はただの 1 桁である.

　引き算においては, 結果の有効数字の桁数が元の数値の有効桁数より減る場合があるので注意して計算する. これを**有効数字の桁落ち**という.

（例 5）　　$4.2 - 4.063 = 0.1$

　有効桁数の異なる数値の間の減算は, 小数点以下の桁数が揃う様に四捨五入してから（例の場合は 4.063 を 4.1 として）計算するとよい.

(2) 乗算・除算の場合

　一般に，有効数字による乗・除の計算をするときは，計算に使った数値のうちで最も少ない桁数の有効数字 (精度の悪い数値) のそれよりも1桁だけ多く計算して，最後の桁を四捨五入する．すなわち，誤差を含む数が最下位になるように答え（積または商）を丸めればよい．

　（例 1）　　$3.3\underline{2} \times 5.6\underline{7} = 18.\underline{8}$

$$\begin{array}{r} 3.3\underline{2} \\ \times \quad 5.6\underline{7} \\ \hline \underline{\mathbf{2324}} \\ 199\underline{2} \\ 166\underline{0} \\ \hline 18.\underline{\mathbf{8244}} \end{array}$$

左辺の2つの数値は3桁の有効数字で，その積は18.$\underline{\mathbf{8244}}$となる．しかし，少数第1位の$\underline{8}$はすでに誤差を含んでいるので，それよりも下位の$\underline{\mathbf{244}}$はさらに大きな誤差を含んでいる．したがって，小数第2位の$\underline{2}$を四捨五入して，積の有効数字は18.$\underline{8}$の3桁となる．

　（例 2）　　$3.3\underline{2} \times 0.5\underline{6} = 1.\underline{9}$

$$\begin{array}{r} 3.3\underline{2} \\ \times \quad 0.5\underline{6} \\ \hline \underline{\mathbf{1992}} \\ 166\underline{0} \\ \hline 1.\underline{\mathbf{8592}} \end{array}$$

左辺の有効数字の桁数は，第1項は3桁，第2項は2桁である．積は1.8592となるが，小数第1位の$\underline{8}$はすでに誤差を含んでいるので，小数第2位の5を四捨五入して，結果の有効数字は2桁の1.$\underline{9}$である．

　（例 3）　$63.\underline{8} \div 21.\underline{3} = 2.9\underline{95}\cdots = 3.0\underline{0}$

　　ともに有効数字の桁数が3桁であるから，商の有効数字も3桁である．

　（例 4）　$63\underline{8} \div 2\underline{1} = 30.\underline{3}\cdots = 3\underline{0}$

　　左辺第1項の有効数字の桁数は3桁，2項は2桁であるから，商は精度の悪い（有効桁数の少ない）方の数値と同じ桁数となるように商を丸める．

　計算の基になる測定値の有効桁数よりも，計算結果（測定値の積あるいは商）の有効桁数が増える（精度が上がる）ことはあり得ないことに注意してほしい．

(3) 計算の記述の方法

　理論式などを使って実験データから**結果**を導くとき，何をどのように計算しているのかが分かるように**途中経過**を含めて記述すること．（次の例を参照）

$$金属球の速さ：v = \underbrace{\frac{\Delta x}{\Delta t}}_{\text{文字式}} = \underbrace{\frac{12.5}{7.0}}_{} = 1.7857\cdots = \underbrace{1.8 \text{ m/s}}_{\text{有効数字を考慮した結果}} \overset{単位}{\longleftarrow}$$

文字式に数値を代入した式

図 9: 計算の記述例

（iv）相対誤差 [*3]

　ある量を測定したいとき，その量がいくつかの量の組合せから構成されているときには，求める量の測定誤差 [*4] は，構成量の測定誤差を組合せたものとなる．

　いま，求めようとする量 W が直接に測定可能な量 X, Y, Z, $\cdots$ の関数

$$W = f(X, Y, Z, \cdots) \tag{1}$$

であるとする．W を求めるために X, Y, Z, $\cdots$ を測定したときの測定誤差をそれぞれ δX, δY, δZ, $\cdots$ とする．直接測定される量である X, Y, Z, $\cdots$ の測定誤差が測定値に対して十分小さい（$\delta X \ll X$, $\delta Y \ll Y$, $\delta Z \ll Z$, $\cdots$）とすると W の測定誤差 δW は，

$$\delta W = \frac{\partial f}{\partial X}\delta X + \frac{\partial f}{\partial Y}\delta Y + \frac{\partial f}{\partial Z}\delta Z + \cdots \tag{2}$$

なる関係が成り立つ．測定誤差は正負ともにあることを考えると，

$$|\delta W| \leqq \left|\frac{\partial f}{\partial X}\delta X\right| + \left|\frac{\partial f}{\partial Y}\delta Y\right| + \left|\frac{\partial f}{\partial Z}\delta Z\right| + \cdots \tag{3}$$

となる．これによって直接測定の量の測定誤差が，求めようとする量の測定誤差にどのように効いてくるかがわかる．

　つぎに実際に W の関数形を与えて直接測定の測定誤差が，求めようとする量の測定誤差にどのように効いてくるかをみてみる．

(a) 一次関数の場合：$W = AX + BY + CZ + \cdots$

　これより，

$$|\delta W| \leqq |A\delta X| + |B\delta Y| + |C\delta Z| + \cdots \tag{4}$$

を得る．すなわち W の関数形の各々の直接測定量の係数をそれぞれの測定誤差の重みとしてかけたものの総和が求めようとする量の測定誤差となる．この式からわかることは，W の測定誤差を最も小さくするためには右辺の各項を同じ大きさにすることが必要，つまり係数の大きい量ほどその逆数に比例してその測定の精度を高めなければならないということである．

(b) 積関数の場合：$W = X^A Y^B Z^C \cdots$

[*3] 精度（precision）ともよばれ，測定精度を表すものと考えることができる．真の値が不明な場合の考え方の 1 つ．
[*4] 測定に伴う "不確かさ"（uncertainty）ともいう．

上式の対数をとり微分することによって，量 W の相対誤差（$\delta W/W$）の大きさと，測定量 $X, \cdots$ の相対誤差（$\delta X/X, \cdots$）の大きさとの関係

$$\left|\frac{\delta W}{W}\right| \leqq \left|A\frac{\delta X}{X}\right| + \left|B\frac{\delta Y}{Y}\right| + \left|C\frac{\delta Z}{Z}\right| + \cdots \tag{5}$$

を得る．右辺の各項が大体等しくなるように実験計画をたてることが合理的である．したがって，求めようとする量の相対誤差（$\delta W/W$）を小さくするためには，関数式でべき数の大きい測定量ほどその逆数に比例して相対誤差を小さくすることが必要であることがわかる．以上のことをもとに，間接測定によって得られた測定値の有効数字や相対誤差について，以下の例で考えてみる．

（例 1）　長方形の面積 S をその 2 辺の長さ x，y を直接測定することによって求める．

各辺の長さは x が 135.75 mm，y が 24.65 mm で，各々の測定には ±0.01 mm の測定誤差があるとする．このとき面積 S（$= xy$）の相対誤差 $\delta S/S$ は，

$$\left|\frac{\delta S}{S}\right| \leqq \left|\frac{\delta x}{x}\right| + \left|\frac{\delta y}{y}\right|$$

と表される．x と y の測定誤差 δx，δy は ±0.01 mm であるから，

$$\left|\frac{\delta S}{S}\right| \leqq 7\times10^{-5} + 4\times10^{-4} = 5\times10^{-4}$$

となり，4 桁の有効数字をもつ y の相対誤差より悪い．したがって，面積 S の有効数字は 4 桁で $S = 3346$ mm^2 で十分である．

（例 2）　単振り子の長さ l_0 と周期 T_0 の測定から重力加速度 g を求める．

単振り子の長さ l_0，周期 T_0，重力加速度 g との間には，

$$T_0 = 2\pi\sqrt{\frac{l_0}{g}} \quad \rightarrow \quad g = (2\pi)^2\frac{l_0}{T_0{}^2}$$

という関係がある．測定する量が振り子の長さ l_0 と周期 T_0 であり，2 つの量の測定誤差をそれぞれ δl_0，δT_0 とする．重力加速度 g の相対誤差 $\delta g/g$ は，

$$\left|\frac{\delta g}{g}\right| \leqq 2\left|\frac{\delta\pi}{\pi}\right| + \left|\frac{\delta l_0}{l_0}\right| + 2\left|\frac{\delta T_0}{T_0}\right|$$

から求めることができる．g の相対誤差を 10^{-3} 程度で求めるためには，それぞれの測定による測定誤差をそろえるとした場合，上式の右辺の各項を $\frac{1}{3}\times10^{-3}$ 以下に抑えなければならない．ここに，l_0 はおよそ 100 cm，T_0 は 2 s 程度である．したがって，

$$|\delta\pi| \leqq 0.5\times10^{-3}, \quad |\delta l_0| \leqq 0.3\times10^{-3} \text{ m}, \quad |\delta T_0| \leqq 0.3\times10^{-3} \text{ s}$$

となる．すなわち，π は 3.1416 で十分であり，l_0 は 0.3 mm，T_0 は 0.3 ms 以下の測定誤差で測定する必要がある．

1 測定器による計測

【目　的】

　一般的な測定器である「マイクロメーター（micrometer）」,「直尺（ruler）」,「ノギス（slide calipers）」の原理と使い方を学習する.

【原　理】

　「マイクロメーター」,「金属製直尺（物差し）」,「ノギス」の原理と使い方はテキスト「測定器の使い方」の 9 ページを参照すること. ノギスとマイクロメーターにある副尺は角度や気圧の計測など様々な場面で使うことがあるのでよく理解しておくこと. また, 誤差伝播の計算については 13 ページを参照すること.

【使用器具】

　マイクロメーター, ノギス, 金属製直尺（JIS1 級）, 電子天秤, マイクロメータースタンド, 金属線, 金属角棒, 金属円柱

【実験1】　マイクロメーターを使った金属線の直径測定

　用意されている金属線の直径をマイクロメーターで挟んで測定する. マイクロメーターは, 何も挟んでいない時に表示される目盛りが「0」とは限らない. 精度の高い測定をするためには, 0 点の目盛り（マイクロメーターに何も挟んでいないときに表示される目盛り）の示す値を使って, 試料を挟んだ時の値を補正する必要がある. **0 点を読み取る時とマイクロメーターで挟む時には小さなつまみ（ラチェット）をゆっくりと回転させること.**

1

（ⅰ）測定とデータ整理

(1) 0点の読みを目分量で 1/1000 mm まで読んで表に記録する．

(2) 試料の金属線をマイクロメーターに挟み，表示されている目盛りの値を 1/1000 mm の桁まで読み取り，表に記録する．1/1000 mm の桁は目分量で読み取る．

(3) （2）と（1）の値の差を計算する．これが金属線の直径 D_A となる．

(4) 測定に間違いがないかなどを確認するために（1）〜（3）を5回繰り返す．

（ⅱ）計　算

(1) 金属線の直径 D_A の平均値 $\overline{D_A}$ を求める．

【実験2】　金属角棒の体積および密度の測定

　用意されている角棒の長さを金属製直尺で，幅と厚さをノギスで測定する．得られた結果を使って角棒の体積を計算する．ここで使用するノギスは目分量を使わないので注意すること．また，角棒の質量を電子天秤で測定して密度（単位体積あたりの質量）を求める．

（ⅰ）測定とデータ整理

(1) 角棒の長さ L_B を直尺で測定する．このとき一端をあわせようとせず，角棒の両端（左側と右側）を最小目盛りの 1/10 mm まで目分量で読み取り表に記録する．

(2) 角棒の幅 W_B と厚さ d_B をノギスで 1/20 mm まで読み取る．

(3) 測定に間違いがないかなどを確認するために（1）〜（2）を3回繰り返す．

(4) 電子天秤を使用し，金属棒の質量 M_B を乗せ直すことによって3回測定する．

（ⅱ）計　算

(1) 金属角棒の長さ，幅，厚さ，質量の平均値 $\overline{L_B}$，$\overline{W_B}$，$\overline{d_B}$，$\overline{M_B}$ を求める．

(2) （1）より，金属角棒の体積 V_B を求める．

(3) （1）と（2）の値から金属角棒の密度 $\rho_B = \dfrac{\overline{M_B}}{V_B}$ を求める．

【実験3】　金属円柱の体積および密度の測定と測定誤差

　用意されている実験2とは異なる材質の円柱の長さをノギスで，直径をマイクロメーターで測定する．得られた結果を使って円柱の体積を計算する．また，円柱の質量を電子天秤で測定して密度を求める．

（ⅰ）測定とデータ整理

(1) 円柱の長さ L_C をノギスで測定して表に記録する．

(2) 測定に間違いがないかなどを確認するために（1）を3回繰り返して，長さの平均値 $\overline{L}_C$ を求める．

(3) 円柱の直径 D_C を測定する．まず，マイクロメーターの0点の読みを目分量で 1/1000 mm まで読んで表に記録する．

(4) 次に，円柱をマイクロメーターで挟んで目盛りの値を読み取り，表に記録する．

(5) （4）から（3）を引いて直径 D_C を求める．

(6) 測定に間違いがないかなどを確認するために（3）～（5）を3回繰り返し測定する．

(7) 電子天秤を使用し，円柱の質量 M_C を乗せ直すことによって3回測定する．

（ⅱ）計　算

(1) 円柱の長さ，直径，質量の平均値 $\overline{L}_C$，$\overline{D}_C$，$\overline{M}_C$ を求める．

(2) （1）より，円柱の体積 V_C を計算する．

(3) （1）と（2）の値から金属円柱の密度 $\rho_C = \dfrac{\overline{M}_C}{V_C}$ を求める．

(4) マイクロメーターの計器誤差を $\epsilon_m = \pm 0.002$ mm，ノギスの計器誤差を $\epsilon_r = \pm 0.05$ mm として [1] 体積の最大誤差 $|\Delta V_C|$ を求める．

【参考書】

　JIS B7516　（日本工業標準調査会：審議，日本規格協会：発行）

---

[1] メーカーカタログによる．

1

実験ノート

測定器による計測：データ記録シート

下記表の空欄に測定値を，カッコ（ ）内には単位を記入して整理する．

【実験1】　金属線の直径測定

金属線の材質 　：　真鍮（しんちゅう）

金属線の太さ 　：　大，　中，　小

※使用したものを〇で囲む

使 用 器 具 　：　_____

表1　金属線の直径測定

測定回数	0点の読み（ ）	挟んだ時の読み（ ）	直径 D_A（ ）
1			
2			
3			
4			
5			
平　均			$\overline{D_A} =$

【実験2】　金属角棒の測定

　　　　角棒の材質　：＿＿＿＿＿＿＿＿＿＿　，試料番号：＿＿＿＿＿

　　使 用 器 具

　　長さ測定：＿＿＿＿＿＿＿＿＿＿　，　幅測定：＿＿＿＿＿＿＿＿＿＿

　　厚さ測定：＿＿＿＿＿＿＿＿＿＿

表 2　金属角棒の各辺長さ測定

測 定 回 数	長さ（　　　）			幅 W_B （　　　）	厚さ d_B （　　　）
	左側の読み	右側の読み	長さ L_B		
1					
2					
3					
平　均			$\overline{L}_B =$	$\overline{W}_B =$	$\overline{d}_B =$

体積 V_B の計算

$$V_B = \overline{L}_B \cdot \overline{W}_B \cdot \overline{d}_B$$

$$= [\quad\quad\quad] \times [\quad\quad\quad] \times [\quad\quad\quad]$$

$$= [\quad\quad\quad] (\quad\quad)$$

表3　金属角棒の質量

測定回数	質量 M_B （　　）
1	
2	
3	
平　均	$\overline{M_B} =$

金属の密度 ρ_B の計算

$$\rho_B = \frac{\overline{M_B}}{V_B} \ = \ \frac{[\qquad\qquad]}{[\qquad\qquad]}$$

$$= \ [\qquad\qquad] \ (\qquad)$$

密度 ρ_B の誤差率の計算

標準値 $\rho_s =$ _____ （　　　）　,　出典：_____

$$誤差率 \ = \ \frac{|\rho_B - \rho_s|}{\rho_s} \times 100$$

$$= \ \frac{[\qquad\qquad]}{[\qquad\qquad]} \times 100$$

$$= \ [\qquad\qquad] \ (\qquad)$$

1

【実験3】　金属円柱の測定

　　　　金属円柱の材質　：　＿＿＿＿＿＿＿＿　，試料番号：　＿＿＿＿＿

　　使 用 器 具

　　　　直径測定：＿＿＿＿＿＿＿＿　，　長さ測定：＿＿＿＿＿＿＿＿

表4　金属円柱の寸法測定

測 定 回 数	直径（　　）			長さ L_C（　　）
	0点の読み	挟んだ時の読み	直径 D_C	
1				
2				
3				
平　均			$\overline{D}_C =$	$\overline{L}_C =$

体積 V_C の計算

$$V_C \;=\; \pi \left(\frac{\overline{D}_C}{2}\right)^2 \overline{L}_C = \pi \times [\qquad\qquad]^2 \times [\qquad\qquad]$$

$$=\; [\qquad\qquad] \; (\quad\quad)$$

体積 V_{C} の誤差 ΔV_{C} の計算 （※ ϵ_m と ϵ_r については p. 21 を参照）

$$\left| \frac{\Delta V_{\mathrm{C}}}{V_{\mathrm{C}}} \right| \leqq \left| \frac{0}{\pi} \right| + 2 \left| \frac{\epsilon_{\mathrm{m}}}{\overline{D_{\mathrm{C}}}} \right| + \left| \frac{\epsilon_{\mathrm{r}}}{\overline{L_{\mathrm{C}}}} \right|$$

$$\leqq 0 + 2 \left| \frac{[\qquad]}{[\qquad]} \right| + \left| \frac{[\qquad]}{[\qquad]} \right|$$

$$\leqq [\qquad]$$

したがって，$|\Delta V_{\mathrm{C}}| \leqq [\qquad]$（　　　）を得る．

表5　金属円柱の質量

測定回数	質量 M_{C} （　　）
1	
2	
3	
平　均	$\overline{M}_{\mathrm{C}} =$

金属の密度 ρ_{C} の計算

$$\rho_{\mathrm{C}} = \frac{\overline{M}_{\mathrm{C}}}{V_{\mathrm{C}}} = \frac{[\qquad]}{[\qquad]}$$

$$= [\qquad]（　　　）$$

1

密度 ρ_C の誤差率の計算

標準値 $\rho_\mathrm{s} =$ _____ (　　　) ，　出典：_____

$$\text{誤差率} \quad = \quad \frac{|\rho_\mathrm{C} - \rho_\mathrm{s}|}{\rho_\mathrm{s}} \times 100$$

$$= \quad \frac{[\qquad\qquad]}{[\qquad\qquad]} \times 100$$

$$= \quad [\qquad\qquad] \ (\qquad)$$

実 験 ノ ー ト

気象条件の記録　天候：＿＿＿＿＿　気温：＿＿＿＿＿　湿度：＿＿＿＿＿　気圧：＿＿＿＿＿＿

1

1

2 電子の比電荷の測定

【目　的】

　電子は，素粒子のなかで最も古く発見され（1899 年），またよく知られたものの 1 つである．ここでは，電子の電荷と質量の比（比電荷）を定常磁場中における電子の運動の偏向を利用して測定する．ここで用いられる方法は，簡単な実験装置と初歩的な理論によってその近似値を求めることができ，そして目に見えない素粒子の運動を間接的に見ることができる．

【原　理】

　磁場中（磁束密度 $\boldsymbol{B}$）を速度 $\boldsymbol{v}$ で運動する電子（電荷を $-e$ とする）に働く力は，

$$\boldsymbol{F} = -e\,\boldsymbol{v} \times \boldsymbol{B} \tag{1}$$

となることは，いろいろな実験で確認されている．この力 $\boldsymbol{F}$ は $\boldsymbol{v}$ と $\boldsymbol{B}$ に垂直であり，$\boldsymbol{v} \perp \boldsymbol{B}$ の場合には，その大きさは $F = evB$ である（図 1）．この力のために電子は加速度をうけるが，

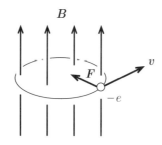

図 1: 電子のサイクロトロン運動

この加速度は速度に垂直であるから電子の速度の大きさはかえないが，その方向を変化させる．したがって電子は一定の速さの円運動をする．これを電子のサイクロトロン運動という．

2

　半径 r の円軌道を速さ v で運動する電子は，$\dfrac{v^2}{r}$ の加速度をうけていることから，電子の質量を m とすると，電子の運動方程式は，

$$m\frac{v^2}{r} = evB \tag{2}$$

となる．したがって r は

$$r = \frac{mv}{eB} \tag{3}$$

となる．電子を電位差 V の与えられた電極間で加速すると，エネルギーの関係

$$\frac{1}{2}mv^2 = eV \tag{4}$$

から，電子の速さ v は，

$$v = \sqrt{2V\frac{e}{m}} \tag{5}$$

となる．式 (3), (5) より，電子の比電荷 $\dfrac{e}{m}$ は，次の式で与えられる．

$$\frac{e}{m} = \frac{2V}{B^2 r^2} \tag{6}$$

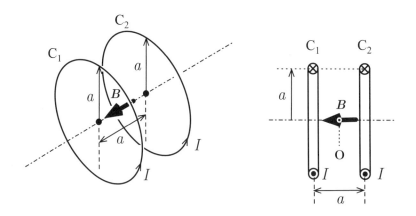

図 2: ヘルムホルツ・コイル (Helmholtz coils) とそれによる磁場

　平行磁場を作るために，図 2 に示す**ヘルムホルツ・コイル**がしばしば用いられる．ヘルムホルツ・コイルでは，コイルの巻数を n，コイル半径を a，コイル電流を I とすると，

$$B = \mu_0 \left(\frac{4}{5}\right)^{\frac{3}{2}} \frac{n}{a} I \tag{7}$$

$$\mu_0 = 4\pi \times 10^{-7} \quad \text{H/m}$$

なる一様な磁場が 2 つのコイルの中央に作られる。この場合，式（7）を式（6）に代入すると，

$$\frac{e}{m} = K \cdot \frac{V}{r^2 I^2} \tag{8}$$

$$K \equiv \frac{2}{\left(\frac{4}{5}\right)^3 \left(\mu_0 \frac{n}{a}\right)^2} \tag{9}$$

となり，加速電圧 V とコイル電流 I，電子のサイクロトロン運動の軌道半径 r を知れば，電子の比電荷 $\frac{e}{m}$ を求めることができる。

　一般に，希薄気体中で荷電粒子を運動させると，この粒子が気体分子と衝突して，その気体分子特有の光を放射する。この現象を利用することによって電子の軌道半径を肉眼で測定することができる。

【使用器具】

（ⅰ）　電子の飛跡を見る装置：（図 3）

　　C_1，C_2 はヘルムホルツ・コイルで，その中心附近にガラス球がおかれている。球内には，He ガスがわずか（10^{-2} mmHg）封入されており，この中に中心からずらして電子銃がおかれている。電子銃は図 4 のような構造をしていて，熱陰極 K から放出された熱電子を陽極 P で加速して速度 v を与える。陽極には，小さな孔があけられており，そこから加速された電子が He ガス中に射出され，ヘルムホルツ・コイルの作る磁場によってサイクロトロン運動をする。

（ⅱ）　電子銃の電源：（図 4）

　　電子銃の陰極を加熱するための 6.3 V の交流を供給する交流電源と，電子を加速するための直流電源が入っている。電子銃の最大定格は以下のようになっているので，この範囲を越えて実験を行うと装置を破損させることになるから注意する。

最大定格：	ヒーター電圧	6.3 V
	加速電圧	500 V 以下

2

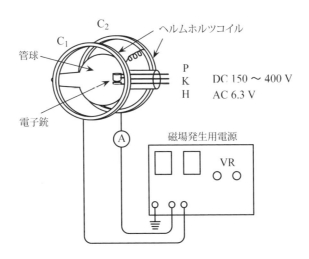

図 3: 電子の飛跡を見る装置

(iii)　ヘルムホルツ・コイル（磁場発生用コイル）の電源

　　　ヘルムホルツ・コイルによって磁場をつくるための直流電流を供給する. 最大定格は以下のようになっているので，この範囲を越えて実験を行うと装置を破損させることになるから注意する.

最大定格：　コイル電流　　　　2 A 以下
　　　　　　コイル電圧　　　　12 V

　　尚，ヘルムホルツ・コイルの巻数は $n = 130$，半径は $a = 0.150$ m である.

(iv)　電流計，電圧計：　使用方法は，p. 12 を参照.

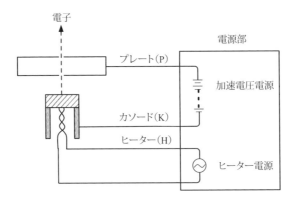

図 4: 電子銃の電源

【実　験】

　比電荷を求めるには式 (6), (7) からわかるように, 加速電圧 V, コイル電流 I, 軌道半径 r の 3 つの量を測ればよいが, これらの量の測定には以下のような方法が考えられる.

　　　方法（I） $V =$ 一定とし, I を変化させ, I の各々の値に対して r を測定する.

　　　方法（II） $I =$ 一定とし, V を変化させ, V の各々の値に対して r を測定する.

　　　方法（III） $r =$ 一定となるように, I, V を調節する.

さらに, 方法（III）の場合には,

　　　(a) I を適当な値にして, V を調節して r を所定の値にする.

　　　(b) V を適当な値にして, I を調節して r を所定の値にする.

の 2 つのやり方がある.

　ここでは方法（I）を基本とするが, r を所定の値にしたときの I を測定することで電子の比電荷を求める.

（i）準　備

(1) 図 5 のように配線する. 配線が終わったら再度点検し, **加速電源とコイル電源の電圧, 電流を変えるすべてのボリュームを最小の位置にしてから, 電源スイッチを入れる.** 電子銃の陰極の部分が明るくなっていることを確認する.

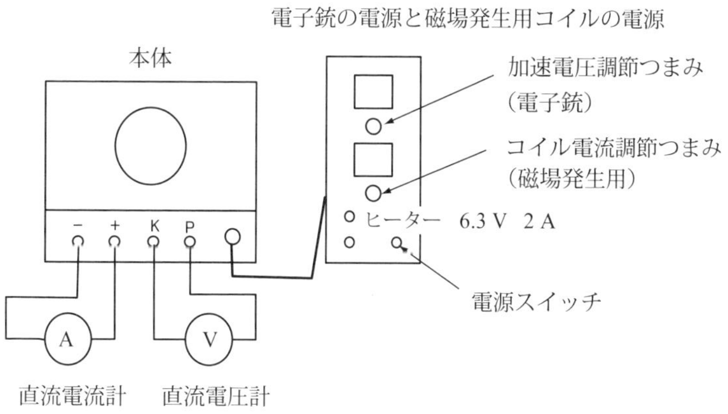

図 5: 関連器具との結線

(2) 定格に注意しながら加速電圧を徐々に上げていくと, 電子銃から電子ビームが出てくる. そこで, コイル電源の電圧と電流を定格に注意しながら徐々に上げていくと, 電子ビームは少しずつ曲がり始め, ついには小さな円を描くようになる.

2

(3) 加速電圧とコイル電流を変化させたとき，電子の運動が描く軌道がどのように変化するかを観察する．前述の各装置の最大定格を再度確認してから観察を始める．どのような観察をするにしても，定格の範囲内であれば自由に電圧や電流を変えてよい．たとえば，次のような観察をして見よ．

   (a) 加速電圧とコイル電流を調節して，電子が円軌道を描いて運動するようにする．コイル電流を一定にして，加速電圧を徐々に上げると円軌道の半径は少しずつ大きくなり，下げると小さくなる．また，加速電圧を一定にして，コイル電流を徐々に増やしていくと円軌道の半径は少しずつ小さくなり，減少させると大きくなる．

   (b) 図 5 の本体の上部のカバーを取りはずして，管球を回転させて電子を磁場に対して斜めに射出するようにすると，電子のらせん運動が観察できる．電子の飛跡の光はそれほど強くないので，周囲を暗くして観察する．

(4) (3) の観察を終えたならば，実験では $v \perp B$ にする必要があるので，管球を回転させ電子が一つの平面内で円軌道を描くように調整する．このとき，電子が管球内のガラススケールのそばを通過するようにする（電子をスケールに直接当てないように注意する必要がある）．

（ii）測定とデータ整理

以下をよく読み，表をつくって測定値を表にまとめ，グラフを作成すること．

(1) 電圧計が示す加速電圧 V を $V_1 = 250 \sim 350$ V に合わせる．実験中，V が常に一定であることを確認する．

(2) コイルに電流を流し，電子を円運動させる．電子線の中心が，管球内のガラス棒に刻まれた 5 mm 単位の目盛りの直上を通過するように電流を調整する．この時のスケールの目盛り $2r$ と電流計の示す値 I を読み取って記録する．**コイル電流の定格 2 A を超えないように注意すること**．

(3) 円軌道の直径を 5 mm 単位で変化させ，その時の電流値を読み取る．$2r$ と I の組み合わせを出来るだけ多く（5 組以上）記録する．

(4) 方法（I）では $V = $ 一定であるから，式 (8) より $r^2 \propto 1/I^2$ の関係が成立する．**縦軸に r^2，横軸に $1/I^2$ をとったグラフを作成して測定点を記入する**．

(5) 加速電圧 V を (1) よりも 100 V 増やし $V_2 = V_1 + 100$ V として，(2) ～ (4) と同様の測定と整理を行う．グラフ用紙は (4) で使用したものと同じものとする．

(6) 電圧，電流計の精度（計測器が何級か）を記録しておく．それぞれの計器の誤差は，"測定器の使い方"(p. 12) を読んで求める．

(iii) 計 算

(1) 与えられているコイルの半径 a，巻き数 n から，式 (9) の K を求める．

(2) （ii）の**測定とデータ整理**で作成したグラフに記入した点は，原点 O を通る直線となる．加速電圧 V_1 と V_2 に対して得られる 2 本の直線の勾配 α_1 と α_2 をグラフから読み取る．

(3) （2）で求めた α_1 と α_2，および式 (8) から得られる $\alpha = \dfrac{KV}{(e/m)}$ の関係を使って，加速電圧 V_1 と V_2 に対する電子の比電荷 $\dfrac{e}{m}$ およびそれらの平均値を求める．

【検討事項】

（ i ）この実験で求めた電子の比電荷 $\dfrac{e}{m}$ の値を，理科年表等で調べた値と比較して，誤差率を計算しなさい．

（ii）この実験では，管球内部のヘリウムが発光することで電子の飛跡が観測される．ヘリウム原子の発光機構について調べよ．

【参　考】

方法（II），(III) でのデータ整理について

方法（II）の場合は，縦軸に V，横軸に r^2 を，方法 (III) の場合は，縦軸に V，横軸に I^2 をとったグラフを作成する．方法（ I ）の場合と同様，原点を通る直線を引き，その勾配を用いて，式 (8) から $\dfrac{e}{m}$ を求める．

【参考書】

（ i ）東京電機大学 編「電磁気学」　（東京電機大学出版局）

（ii）大槻義彦 著「物理学 II」（学術図書出版社）

（iii）永田，飯尾，宮田 編「基礎物理実験」　（東京教学社）

（iv）原島鮮 著「教養物理学」　（学術図書出版社）

（ v ）朝永振一郎 編「物理学読本」　（みすず書房）

（vi）現在授業で使用中の物理学の教科書

2

実 験 ノ ー ト

気象条件の記録 | 天候：_____ 気温：_____ 湿度：_____ 気圧：_____

2

3 ボルダの振り子の実験

【目　的】

ボルダ（Borda）の振り子によって，重力加速度 g を測定する．

【原　理】

実体振り子（物理振り子）の周期は，振幅が充分小さい場合，

$$T = 2\pi \sqrt{\frac{I}{Mgh}} \tag{1}$$

で与えられる．ここで，M は振り子の質量，h は振り子の支点から重心までの距離，I は振り子の支点まわりの慣性モーメントである．

　ボルダの振り子は実体振り子の一種で，図1に示すように，細い針金に金属球を吊るした構造をしている．支点から金属球中心までの距離を h_s，金属球の質量を M_s，半径を R とすると，この金属球の支点に関する慣性モーメントは，平行軸の定理から，

$$I_\mathrm{s} = M_\mathrm{s} h_\mathrm{s}^2 + \frac{2}{5} M_\mathrm{s} R^2 \tag{2}$$

ここで，第2項は球の中心を通る軸まわりの慣性モーメントである．また，この実験では振り子全体の周期と三角エッジ部分の周期が等しくなるよう調節しているので，$h = h_\mathrm{s}$ としてよい．従って（1）式と（2）式から，

$$g = \frac{4\pi^2}{T^2} \left(h_\mathrm{s} + \frac{2}{5} \cdot \frac{R^2}{h_\mathrm{s}} \right) \tag{3}$$

となり，T，h_s，R を測定することにより，重力加速度 g を求めることができる．

3

【使用器具】

ボルダの振り子（金属球，直径 $\phi0.3$ mm の針金，三角エッジ），ユニバーサルカウンター（岩崎通信機 SC-7205H），光電スイッチ台（光電スイッチと電磁石），光電スイッチ用電源ボックス，水準器，支持台（U 字型支持台），長さ測定用尺度棒（尺度棒，三角エッジホルダー）

【実　験】

（ⅰ）準　備

ボルダの振り子は図1に示すような構造をしている．金属球を細い針金で吊るし，上端を三角エッジに固定する．この三角エッジの上部には，エッジ部分の振動周期を調節するネジ C が付いている（図1左図）．この調整ネジ C は，三角エッジ部分のみの固有振動の周期を調整するもので，三角エッジ部分のみの振動周期と，これに金属球を吊るした振り子全体の振動周期とを一致させる．このことにより三角エッジ部分の振動周期が振り子全体の振動周期に与える影響を除くことができ，一つの振り子として取り扱うことが可能となる．

（注）この実験においては，この三角エッジ部分の固有振動周期は，あらかじめ調整されている．したがって，この調整ネジ C を動かしてはならない．

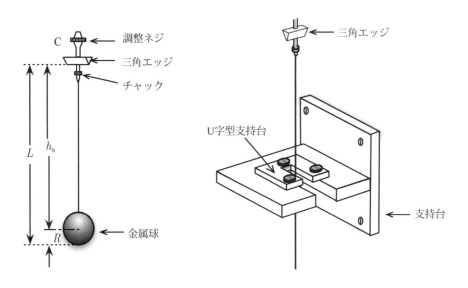

図 1: ボルダの振り子の構造（左）と ボルダの振り子上部支持部（右）

(1) U 字型支持台の水平調整

    (a) 壁に取り付けた固定台上にある U 字型の支持台の水平を水準器を用いて確認する．傾いている場合は，三つのネジを用いて水平に調節する（図 1 右図）．

    (b) この U 字型支持台の上に，ボルダの振り子の三角エッジ部を図 1 右図で示したような向きにのせる．この位置が振り子の支点（回転軸）となる．

(2) 光電スイッチの位置調整

    (a) 光電スイッチ用電源，およびユニバーサルカウンターを接続し，接続を確認後，光電スイッチ用電源を入れる．この時，光電スイッチ側面赤色ランプが点灯する．ただし，金属球が発光素子から出た光を遮っている場合，ランプは点灯しない．また，電磁石用 AC アダプターも取り付けておく．

    (b) 三角エッジ部が支持台に正しく置かれていることを確認し，下部金属球を光電スイッチの中央に位置させる（光電スイッチ台全体を移動し，調整する）．

    (c) 振り子を静止させ，この位置で光電スイッチの高さを調整する．光軸が金属球の直径軸の位置に正しくあたるようにする．

    (d) 光電スイッチ台全体を右側に少し移動し，光電スイッチの光軸が金属球の直径軸上の右側端にあたるようにする（光電スイッチ側面の赤色ランプで確認する）．
       赤色ランプが"off 状態"になるように光電スイッチ台の位置を調節する（図 2(a)）．

    (e) つぎに，振り子を右側に振らせ，金属球を電磁石に吸着させる（電磁石のスイッチを入れる）．吸着させた状態で，静止状態の時とは逆に，光電スイッチの光軸が金属球直径軸上の左側端にあたるように電磁石台の位置を調整する（図 2(b)）．
       光電スイッチ側面の赤色ランプで確認し，"off 状態"の位置にする．

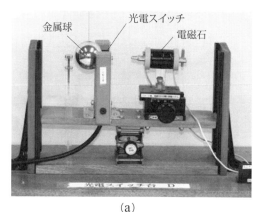
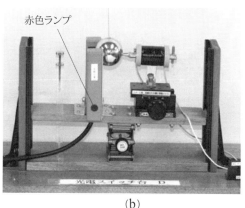

図 2: 周期測定時の振り子金属球の位置

3

(3) ユニバーサルカウンターの準備（図3）

(a) ユニバーサルカウンターの POWER を入れた後，FUNCTION 群のチャンネル A 側（CH-A）の［PERI A］（周期測定）および［ATT26dB］が点灯していることを確認する（点灯していない場合はキーを押す）.

(b) GATE 群の［10s］（計数時間）が点灯していることを確認する（点灯していない場合はキーを押す）.

(c) 光電スイッチ電源側からの BNC コネクタをチャンネル A 側（CH-A）に接続する．（他のキーの操作は特に行わなくてよい.）

(d) 準備（2）の（e）に戻って，振り子を振動させてみる．右側の［GATE］のランプ が点灯し，チャンネル A 側（CH-A）の［TRIG'D］のランプが点滅していることを確認する.

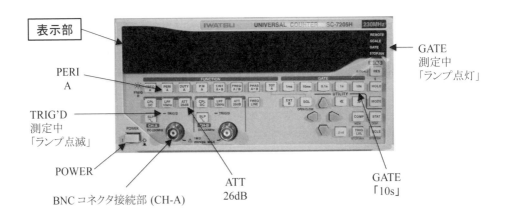

図 3: ユニバーサルカウンター正面パネル（岩崎通信 SC-7205H）

（ⅱ）測定とデータ整理

(1) 振り子の周期

(a) 金属球を電磁石に吸着させ，金属球の揺れを止めた後，電磁石のスイッチを切って振り子をスタートさせる．**振動開始後，振り子はほとんど減衰せずに戻るので電磁石を右方向へ 2〜3 cm 移動しておく**．振れ方が不安定な場合には，やり直すこと.

(b) 振り子を振動させ，計測している間は［TRIG'D］のランプが光電スイッチの点滅と同期して点滅する．振り子の周期表示がサンプリングタイム約10秒間の計測ごとに切り替わるので，表示が切り替わるたびに連続3回記録し，3回の平均値を求める．なお，周期表示の4桁目にばらつきが生じた場合には，振り子や光電スイッチの配置を見直す必要がある.

(c) (a) と (b) の周期測定を繰り返し5回行う.

(2) 振り子の長さ

  (a) 振り子の長さ測定には，光電スイッチ台に立てられている支柱の上部平ネジ D（図
     4）を利用する．まず，台全体を少し右側に移動させ，平ネジの先端面中心付近と
     振り子（金属球）の中心線を一致させる．

図 4: 振り子長さ h_s 測定時の振り子位置

  (b) つぎに，平ネジをまわしてネジの先端面を金属球の下部に接触させ，その位置で固
     定ナット E により支柱に軽く固定する．この状態で振り子を取りのぞく（振り子保
     管台に戻す）．

  (c) 長さ測定用尺度棒 F の三角エッジホルダーを尺度棒に軽く固定し，三角エッジ部（図
     5 左図）を U 字型支持台の上に正しくのせる．このとき三角エッジホルダーは，尺
     度棒の下端が平ネジの先端面より下になるように事前に位置を調整しておく．

  (d) 支持台面（三角エッジ部）の位置（図 5 左図）と平ネジの先端面の位置（図 5 右図）
     をそれぞれ尺度で読取る．尺度は 1/10 mm まで目分量で読取る．両者の尺度の差
     により長さ L を求める（図 1）．

  (e) 金属球の直径 $2R$ をノギスを用いて数ヶ所測定する．

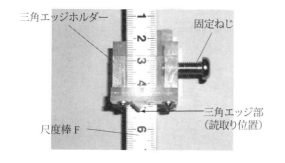
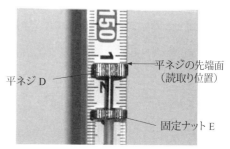

図 5: 三角エッジ部の尺度読取り位置（左図）と振り子下部の尺度読取り位置（右図）

3

(iii) 計　算

(1) 振り子の振動の周期 T, 長さ L, 金属球の半径 R の平均値 $\overline{T}$, $\overline{L}$, $\overline{R}$ を求める.

(2) (1) より, 振り子の支点から金属球の中心までの距離 $h_s = \overline{L} - \overline{R}$ を計算する (図1).

(3) (1), (2) および式 (3) より, 重力加速度 g を求める.

【参考】

三角エッジ部分の慣性モーメントを無視できる理由

図1において, 支点のまわりでの三角エッジ部分の慣性モーメントを I_k, 金属球部分の慣性モーメントを I_s とすると, 振り子全体の慣性モーメント I は,

$$I = I_k + I_s \tag{4}$$

となる. また, この振り子全体の質量 M は, 三角エッジ部分を m_k, 金属球は M_s であるから,

$$M = m_k + M_s \tag{5}$$

であり, 支点から振り子全体の重心までの距離を h とすれば,

$$h = \frac{m_k h_k + M_s h_s}{m_k + M_s} \tag{6}$$

で示される (ただし, h_k および h_s は, それぞれ支点から三角エッジ部分と金属球部分の重心までの距離である). 従って, 式 (5), 式 (6) より,

$$Mh = m_k h_k + M_s h_s \tag{7}$$

となる. ここで, 実験において振り子全体の周期 T' と三角エッジ部分の周期 T_k が等しくなるよう調節できれば, $T' = T_k$ である. よって, 式 (1) から

$$\frac{I}{Mh} = \frac{I_k}{m_k h_k} \tag{8}$$

の関係がある. 従って,

$$\frac{I}{I_k} = \frac{Mh}{m_k h_k} \tag{9}$$

また, 金属球部分のみの周期を式 (4), (7), (8) を用いて整理し, 振り子全体の周期と比較すれば,

$$\frac{I_{\mathrm{s}}}{M_{\mathrm{s}}h_{\mathrm{s}}} = \frac{I - I_{\mathrm{k}}}{Mh - m_{\mathrm{k}}h_{\mathrm{k}}} = \frac{I\left(1 - \dfrac{I_{\mathrm{k}}}{I}\right)}{Mh\left(1 - \dfrac{m_{\mathrm{k}}h_{\mathrm{k}}}{Mh}\right)} = \frac{I}{Mh}$$

$$\therefore \quad \frac{I_{\mathrm{s}}}{M_{\mathrm{s}}h_{\mathrm{s}}} = \frac{I}{Mh} \tag{10}$$

従って，振り子全体に対する値 $\dfrac{I}{Mh}$ の代わりに，金属球部分のみに対する値 $\dfrac{I_{\mathrm{s}}}{M_{\mathrm{s}}h_{\mathrm{s}}}$ を用いてもよいことになり，三角エッジ部分の慣性モーメントを考慮する必要がなくなる．

【検討事項】

（ⅰ）この実験で得られた重力加速度の値を，理科年表等で調べた値と比較して，誤差率を計算なさい．また，誤差の原因としてどんなことが考えられるか，その理由についても示しなさい．

（ⅱ）ボルダの振り子以外で，重力加速度を測定する方法を調べ，原理，特徴，精度などを簡単に説明せよ．ただし，自由落下を用いる方法は除くこととする．

【参考書】

（ⅰ）原島鮮 著「新編 教養物理学」（学術図書出版社）

（ⅱ）原康夫 著「物理学通論Ⅰ」（学術図書出版社）

（ⅲ）平田森三 編「大学実習基礎物理学実験」（裳華房）

（ⅳ）虞川，小倉 共編「工科系の物理学実験」（学術図書出版社）

（ⅴ）現在授業で使用中の物理学の教科書

3

気象条件の記録　天候：＿＿＿＿＿　気温：＿＿＿＿＿　湿度：＿＿＿＿＿　気圧：＿＿＿＿＿＿

3

実 験 ノ ー ト

3

4 粘性係数の測定 <small>(ポアズイユの方法)</small>

【目　的】

　実在の流体は必ず粘性をもち，流れの速度が場所によって違う流体には，流れの速度を均一にしようとする接線応力（内部摩擦力，または粘性力）が働く．ここでは，円筒状の管に沿う水の流れの流量を測定することにより，水の粘性係数を測定するが，液体の粘性現象をより深く理解するために，その温度依存性をも測定する．

【原　理】

　図1のように流体が至る所で，一定の向き x 方向に流れている，すなわち，流れの速度ベクトル $\boldsymbol{v}$ が流れ全体に沿って一定の向きをもっている場合を考える．更に速度の大きさ v は速度

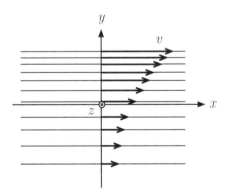

図 1: 流速分布

の方向に垂直な1つの方向に沿ってだけ変化するものとする．この垂直方向を y 軸にとると $v = v(y)$ である．xz 面の両側の部分は，$\partial v/\partial y$（この場合は $\partial v/\partial y = dv/dy$ である）に比例した接線応力をおよぼし合っている．この向きは，この $\partial v/\partial y$（速度勾配）をなくそうとするように，つまり図1では，上側は下側に右向きの力をおよぼし，下側は上側の部分に左向きの

4

力をおよぼす．xz 面の単位面積に働くこのような力（接線応力）の大きさを f とすると

$$f = \eta \frac{\partial v}{\partial y} \tag{1}$$

と表わされる．比例定数 η をその流体の粘性係数（粘性率）という．流体が，固体壁に接して流れているときには，流体と固体分子との間の結合力によって，壁と接している流体の流速は 0 になる．

以上の事を基に，一様な太さの円管に沿う定常的な（時間とともに変化しない）流れを考える．円管の半径 a，長さ L，管の両端の圧力を p_0，p_1（$p_1 > p_0$）とする（図 2）．液体は圧力差 $\Delta p = p_1 - p_0$ の作用により，管に沿って流れる．流れの速さ v はどこでも管の軸方向で，その大きさは軸からの距離 r だけによって変化する（$v = v(r)$）．

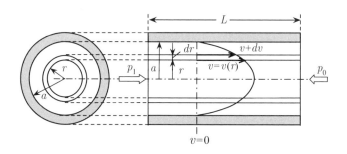

図 2: 円管の中の流れ

管内の流れは，管壁のところの流速は 0 で，中心に近づくにつれて速くなり，図 2 のような流速分布になるだろう．中心軸からの距離が r と $r + dr$ の円筒面で切りとられる薄い円筒状の部分を考える．内側の円筒面（面積 $2\pi r L$）には単位面積当り $-\eta (dv/dr)_r$ の力（$dv/dr < 0$ のとき正の向き）が働いているから，円筒面全体に $-2\pi L \eta (r\, dv/dr)_r$ なる力が働く．ここで，添字の r は，（ ）内の量の r における値という意味である．外側の面には，これと逆向きの $2\pi L \eta (r\, dv/dr)_{r+dr}$ の力が働いている．したがって，円筒状部分に働く合力は，$y(x + dx) - y(x) = y'(x) dx$ の関係を用いると，

$$2\pi L \eta \frac{d}{dr}\left(r \frac{dv}{dr} \right) dr \tag{2}$$

となる．この力があるにもかかわらず流体が定常的に流れるのは，両端にかかっている圧力差 Δp による．いま考えている部分におよぼしている力は切り口の面積 $2\pi r\, dr$ を掛けた $2\pi r \Delta p \cdot dr$ であるから，

$$\left\{ 2\pi L \eta \frac{d}{dr}\left(r \frac{dv}{dr} \right) + 2\pi r \Delta p \right\} dr = 0 \tag{3}$$

故に，

$$\frac{d}{dr}\left(r \frac{dv}{dr} \right) = -\frac{\Delta p}{L\eta} r \tag{4}$$

となる．これを積分して

$$r \frac{dv}{dr} = -\frac{\Delta p}{2L\eta} r^2 + C \tag{5}$$

であるが，$r = 0$ で両辺が等しくなるためには，積分定数 $C = 0$ でなくてはならない．よって

$$\frac{dv}{dr} = -\frac{\Delta p}{2L\eta} r \tag{6}$$

となる．これを積分し，$r = a$（管壁）で $v = 0$ の条件を用いると結局，

$$v = \frac{\Delta p}{4L\eta} \left(a^2 - r^2 \right) \tag{7}$$

となる．したがって図 2 の流速の分布は回転放物面状である．
　単位時間にこの管から流出する流体の体積 V は，

$$V = \int_0^a 2\pi r v \, dr = \frac{\pi}{8\eta} \frac{\Delta p}{L} a^4 \tag{8}$$

となり，圧力勾配（$\Delta p/L$）と半径の 4 乗に比例し，粘性係数に反比例することがわかる．これを『ポアズイユの法則』（Poiseuille's law）という．V は円管の a と L が与えられ，Δp を一定にすれば一定値となるので，Δt 秒間に流出する体積 ΔV は

$$\Delta V = V \Delta t = \frac{\pi}{8\eta} \frac{\Delta p}{L} a^4 \Delta t \tag{9}$$

で与えられる．したがって，圧力差と一定体積が流出するのに要した時間を測定することによって粘性係数 η を，

$$\eta = \frac{\pi}{8} \frac{\Delta p}{L} a^4 \frac{\Delta t}{\Delta V} \tag{10}$$

から求めることができる．

【使用器具】

　粘性係数測定装置（細管，温度指示計），メスシリンダー，ストップウォッチ

　図 3 に実験装置の概観と配置図を示し，以下に簡単に説明する．[　] 内の記号は，図を参照すること．

（ⅰ）粘性係数測定装置
　　　タンク［D］には水が入れられており，細管［M］は装置中央の太管［G］に，両者の

4

中心軸が一致するようにセットされている．コック［B］を開くと，タンク［D］から流れ出た水は太管［G］および太管［A］に入り，細管［M］の周りを通って，細管から外に流れ出る．この実験では，細管［M］の周りを，細管を通って流れ出る水と同じ温度の水で満たすことで，細管を流れる水の温度を均一にするようになっている．

　また，太管［A］の中央に取り付けてある細い管の上端から水を溢れ出させて（オーバーフロー），この管の中の水面の高さを一定に保っている．こうすることによって，細管［M］に水を流すために加える圧力差 Δp —— 細管の水の流入口の圧力 p_1 と流出口の圧力 p_0 の差 —— がいつでも一定になるようにしている．この圧力差 Δp は差圧測定用管［H］内の水柱の長さ h から求めることができ

$$\Delta p = \rho g h \tag{11}$$

である．ここで，ρ は水の密度，g は重力加速度の大きさである．

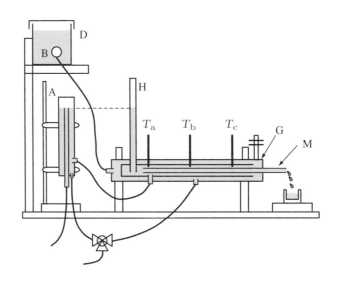

図 3: 粘性係数測定装置の概略図

【実　　験】

　以下の［　　］内の記号は，図 3 を参照すること．また，細管［M］の内半径 a および長さ L はテーブルごとに与えられている値を用いる．測定結果については，実験ノート欄の「データ記録シート」に用意されている表に記入し整理すること．

（i）準備

(1) 理科年表等を調べて，水の粘性係数の温度変化をグラフに作図する（10°C 〜 50°C）．

(2) 細管［M］の流出口の下に水受け用バットを置く．

(3) コック［B］を開き，水が太管［G］の半分程度入ったら，コック［B］を閉じる．

(4) 太管［G］内の水面に細管［M］の中心軸が平行になるように，太管［G］の傾きを調整し［太管［G］を支えている柱の高さを変える］，細管を水平にする．

(5) 差圧 Δp 測定用管［H］が鉛直に立つように太管［G］を調整する．また，測定用管［H］の下端が，細管［M］の中心軸の高さと一致していることを確認する．

(ii) 測定とデータ整理

(1) コック［B］を開き，細管［M］に水を流す．このとき，太管［G］の上部に取り付けてあるピンチコックを取り外し，太管［G］の中の空気をぬき［太管［G］を両手で持ち傾けると中の空気が移動して取り除きやすい］，管の中を水で満たす．太管［G］が水で満たされた後は，ピンチコックを元に戻す．

(2) コック［B］から流れ出る水量を調整して，太管［A］内の水が中央にある細い管から少しずつオーバーフローするようにする．

(3) 流水の温度は太管［G］の3カ所に取り付けてある熱電対温度センサーと，指示温度計で測定する．これらの温度を，T_a, T_b, T_c とする．

(4) 細管［M］から流出する水をメスシリンダーで受けながら，ストップウォッチで一定体積 ΔV（特に指示がなければ10 mL）の水が溜まるまでの時間，流出時間 Δt，を計測する．ΔV はメスシリンダーに刻まれた目盛で正確に測定する．

(5) (4) の測定を3回繰り返し行う．流出時間 Δt にばらつきが大きければ更に数回測定を行う．

(6) 再び流水の温度，T_a, T_b, T_c を測定する．

(7) 差圧 Δp を求めるために，差圧測定用管［H］内の水柱の長さ h を測定する．

(8) 流水の温度を少し上昇させて，(1)〜(7) の実験を50°C 以下の適当な温度間隔で指定された回数，繰り返し行い，データー記録シートの【測定1】,【測定2】, … に記録する．温度を上昇させる方法は以下に記述する．

(a) コック［B］を閉じ，タンク［D］に水が 1/2 程度以上入っていることを確認する．

(b) タンク内のヒーターに電流を流し，タンク内の水温を上昇させる．タンク［D］内の水温は，タンクの側面についている温度計で知ることができる．

(c) 太管［G］の下に取り付けてあるコックの栓を180度回転させて，太管［G］の中の水をできるだけ出してしまう．

(d) タンク内の水が所定の温度に達したら，ヒーター電源を切る．ヒーターの電源を切っても，タンク内の水の熱容量は大きく，速やかに実験を行えば水温は実験中ほぼ一定に保たれる．

4

(e) 所定の温度に到達するまでには時間がかかる．待っている間に，次の計算をある程度しておくとよい．

(ii) 計算

(1) 各測定時での，測定開始前と測定終了後の流水の平均温度を求める．

(2) 各測定時での，水の流出時間 Δt の平均を求める．

(3) 理科年表等で，各測定時の温度における水の密度 ρ' を調べ，それぞれの場合の差圧 $\Delta p = \rho' g h$ を求める．ここで，h は差圧測定用管［H］内の水柱の長さ，g は重力加速度の大きさである．

(4) 式（10）を用いて，各実験温度での流水の粘性係数 η を計算し，理科年表値を記入したグラフ用紙に記入する．毛細管の半径 a と長さ L は，装置ごとに指定された値を使うこと．

【検討事項】

(ⅰ) 実験で求めた粘性係数の値を，理科年表であらかじめ調べて作図したグラフを用いて，実験時の各水温に対する値と比較し，誤差率を計算しなさい．また，誤差の原因についてどんなことが考えられるか，その理由についても示しなさい．

(ⅱ) 流体に関するベルヌーイの定理（Bernoulli theorem）について，どのような定理か調べて説明しなさい．

【参考書】

(ⅰ) ランダウ　他著「物理学」（第 15 章）（岩波書店）

(ⅱ) 平田森三　編「基礎物理学実験」（裳華房）

(ⅲ) 廣川，小倉　共編「物理学実験」（学術図書出版社）

(ⅳ) 佐々木宗雄　著「物理学」（理工学社）

(ⅴ) 一色尚次　著「新しい機械工学 3 わかりやすい熱と流れ」（森北出版）

(ⅵ) 現在授業で使用中の物理学の教科書

実験ノート

粘性係数:データ記録シート

下記表の空欄に測定値を，カッコ（　）内には単位を記入して整理する.

毛細管のデータ

　　　　直径 $2a$ ＝ ＿＿＿＿＿＿＿＿＿＿　（　　　）

　　　　長さ L ＝ ＿＿＿＿＿＿＿＿＿＿　（　　　）

【測定 1】

表1　タンク水温（　　　）°C のときの流水の温度

	T_a（　　）	T_b（　　）	T_c（　　）
実験開始時			
実験終了時			

平均水温 T_1 ＝ ＿＿＿＿＿＿＿＿＿＿　（　　　）

表2　平均水温（　　　）°C における体積 ΔV の水の流出時間 ［ ΔV ＝ ＿＿＿＿ （　　）］

回数	水の流出時間 Δt（　　）
1	
2	
3	

平均時間 Δt_1 ＝ ＿＿＿＿＿＿＿＿＿＿　（　　　）

・差圧測定用管 H 内の水柱の高さ h_1 ＝ ＿＿＿＿＿＿＿＿　（　　　）

・水の密度 ρ_1 ＝ ＿＿＿＿＿＿＿＿ （　　　）［＿＿＿°C の場合］

4

【測定 2】

表3　タンク水温（　　　）°C のときの流水の温度

	T_a（　　）	T_b（　　）	T_c（　　）
実験開始時			
実験終了時			

平均水温 $T_2 =$ ＿＿＿＿＿＿＿＿＿＿（　　　）

表4　平均水温（　　　）°C における体積 ΔV の水の流出時間 ［ $\Delta V =$ ＿＿＿＿（　　）］

回数	水の流出時間 Δt（　　）
1	
2	
3	

平均時間 $\Delta t_2 =$ ＿＿＿＿＿＿＿＿＿＿（　　　）

・差圧測定用管 H 内の水柱の高さ $h_2 =$ ＿＿＿＿＿＿（　　　）

・水の密度 $\rho_2 =$ ＿＿＿＿＿＿（　　　）［＿＿°C の場合］

【測定3】

表5　タンク水温（　　　）°C のときの流水の温度

	T_a （　　）	T_b （　　）	T_c （　　）
実験開始時			
実験終了時			

平均水温 $T_3 = $ ＿＿＿＿＿＿＿＿＿　（　　　）

表6　平均水温（　　　）°C における体積 ΔV の水の流出時間 ［ $\Delta V = $ ＿＿＿＿（　　）］

回数	水の流出時間 Δt （　　）
1	
2	
3	

平均時間 $\Delta t_3 = $ ＿＿＿＿＿＿＿＿＿　（　　　）

・差圧測定用管 H 内の水柱の高さ $h_3 = $ ＿＿＿＿＿＿　（　　　）

・水の密度 $\rho_3 = $ ＿＿＿＿＿＿　（　　　）［＿＿＿°C の場合］

4

実験ノート

【測定 4】

表 7　タンク水温 （　　　） °C のときの流水の温度

	T_{a} （　　）	T_{b} （　　）	T_{c} （　　）
実験開始時			
実験終了時			

平均水温 $T_4 = $ ＿＿＿＿＿＿＿＿＿ （　　　）

表 8　平均水温 （　　　） °C における体積 ΔV の水の流出時間 ［ $\Delta V = $ ＿＿＿＿ （　　） ］

回数	水の流出時間 Δt （　　）
1	
2	
3	

平均時間 $\Delta t_4 = $ ＿＿＿＿＿＿＿＿＿ （　　　）

・差圧測定用管 H 内の水柱の高さ $h_4 = $ ＿＿＿＿＿＿ （　　　）

・水の密度 $\rho_4 = $ ＿＿＿＿＿＿ （　　　） ［＿＿＿°C の場合］

【測定 5】

表9　タンク水温（　　　）℃のときの流水の温度

	T_a (　　)	T_b (　　)	T_c (　　)
実験開始時			
実験終了時			

平均水温 $T_5 =$ ＿＿＿＿＿＿＿＿＿（　　　）

表10　平均水温（　　　）℃における体積 ΔV の水の流出時間 ［ $\Delta V =$ ＿＿＿＿（　　）］

回数	水の流出時間 Δt (　　)
1	
2	
3	

平均時間 $\Delta t_5 =$ ＿＿＿＿＿＿＿＿＿（　　　）

・差圧測定用管 H 内の水柱の高さ $h_5 =$ ＿＿＿＿＿＿（　　　）

・水の密度 $\rho_5 =$ ＿＿＿＿＿＿（　　　）［＿＿＿℃の場合］

4

気象条件の記録	天候：	気温：	湿度：	気圧：

5 レンズの曲率半径の測定 （ニュートンリング）

【目　的】

　平凸レンズを平面ガラス板の上にのせると，接触した付近にレンズとガラスではさまれた空気の薄い層ができる．ガラス面に垂直に当った光は，この薄い層の両側で反射され，それぞれの光線間の位相差による干渉によって，リング状の干渉じまを生じる．これをニュートンリング（Newton's rings）という．この現象を利用して，平凸レンズの曲率半径を測定する．

【原　理】

　図1のように，曲率半径 R の大きい平凸レンズを，平行板ガラスの上にのせる．これに波長 λ の単色光を垂直に入射させたときのレンズ下面からの反射光と下のガラス面からの反射光との干渉条件を求めてみる．空気層 AB は，きわめて薄いと考えられるから入射光もほぼ平行とみなしうる．ここで，レンズとガラスの接点 O からガラス面上 r の距離にある B 点におけるガラス面とレンズ面との垂直距離 d を求める．

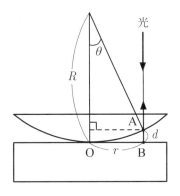

図 1: 光路の説明図

$$d = R - R\cos\theta = R\left\{1 - \left(1 - \frac{\theta^2}{2} + \cdots\right)\right\} \fallingdotseq \frac{1}{2}R\theta^2 \fallingdotseq \frac{1}{2}R\left(\frac{r}{R}\right)^2 = \frac{r^2}{2R} \qquad (1)$$

ただし,

$$\cos\theta = 1 - \frac{\theta^2}{2!} + \frac{\theta^4}{4!} - \cdots$$

の式の第2項までを使い,また,θ が小さいとき図で $R\theta \fallingdotseq r$ となる近似を適用している.

　レンズの下面 A で反射して上にもどる光と,B まできて反射して上へもどる光の光路差は $2d\,(=r^2/R)$ であるが,B での反射の際の波の位相の逆転(屈折率の大きいガラスによって反射されるので波長にすれば $\lambda/2$ だけずれる)を考慮すると,全光路差は $2d + \lambda/2$ となる.この値が $\lambda/2$ の奇数倍であると反射光は互いに打ち消し合って暗くなるが,偶数倍であると互いに強め合って明るくなる.この実験の場合には,現象は O 点の周りに対称であるから,両光線の干渉によってできる明暗は,接点 O を中心とした同心円状の明輪・暗輪となる.

　図2のように,ニュートンリングの暗輪に番号をつけ,m 番目のそれの半径を r_m とすると,r_m と λ の関係は,

$$\frac{r_m^2}{R} + \frac{\lambda}{2} = (2m+1)\frac{\lambda}{2}$$

$$\therefore \quad r_m^2 = m\lambda R \qquad (m = 0, 1, 2, \cdots) \qquad (2)$$

となる.同様に,$m+n$ 番目の暗輪の半径を r_{m+n} とすると

$$r_{m+n}^2 = (m+n)\lambda R$$

したがって,

$$r_{m+n}^2 - r_m^2 = n\lambda R$$

$$\therefore \quad R = \frac{r_{m+n}^2 - r_m^2}{n\lambda} \qquad (3)$$

となり,単色光の波長 λ が与えられれば,2つの暗輪の半径を測定することによってレンズの曲率半径を求めることができる.ここでは,反射光の暗輪の場合について説明したが,反射光の明輪,または透過光(図1のガラスの下の方で観測する)の明暗輪についても同様のことが成り立つ.

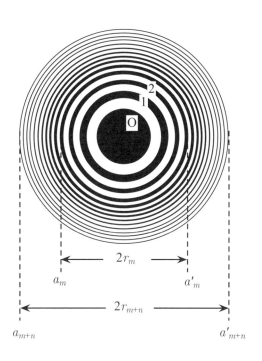

図 2: ニュートン・リングの模型図

【使用器具】

測微顕微鏡（M）と CCD カメラ（T），Na ランプ（N）とその起動装置（C），ハーフミラー（R），レンズホルダー（D），収束レンズ（S），液晶モニターとビデオ信号変換器．
図 3 に実験装置の概観と配置図を示し，簡単に説明をする．

（ⅰ） **測微顕微鏡：**
ニュートンリングのリング径を測定するための装置であり，マイクロメーター機構により鏡筒が水平方向に移動できる．接眼レンズ上部に CCD カメラが取り付けられており，液晶モニター画面の十字線を使って 1/1000 mm までリング径を測ることができる．

（ⅱ） **Na ランプとその起動装置：**
Na ランプは，単色光源として用いられる．このランプの光（燈黄色）は Na 原子の出すスペクトル線で D 線といわれ，波長の少し異なる 2 つのスペクトル線，D_1（$\lambda_1 = 589.594$ nm）と D_2（$\lambda_2 = 588.998$ nm）とからなっている．ニュートンリングではこの二つは分離しないので，実験での単色光源の波長として D_1，D_2 線の平均をとる．

（ⅲ） **レンズホルダー：**
平面ガラス板と曲率半径の大きい平凸レンズ（試料レンズ）が円筒ケース内にセットされている．このレンズホルダー外枠上部に 2 個（あるいは 3 個）のネジが付いている．これは，試料レンズの水平調整用のもので，モニター画面上の十字線交点とニュートンリング中央部の位置合わせ等に用いる．この調節ネジは絶対に強く回さないこと．平凸レンズが歪む（あるいは破損の）おそれがある．

(iv)　ハーフミラー：
　　　Naランプからの平行光線を測定試料の方向に一部反射させ，試料からの反射光の一部を
　　　測微顕微鏡の方へ透過させるものである（図4）．

(ⅴ)　収束レンズ：
　　　レンズのほぼ焦点に位置する所にNaランプを置き，レンズから出る光を平行光線にする
　　　ものである．この平行光線がハーフミラーにほぼ45°であたるようにする．

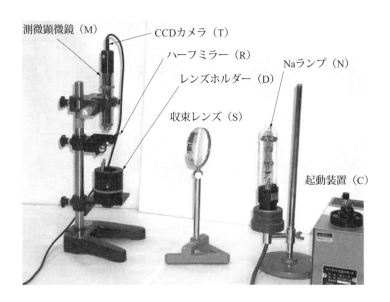

図 3: 実験装置の概観

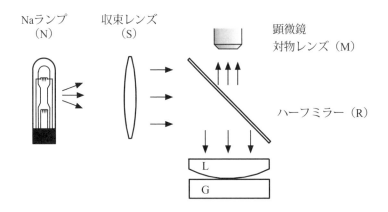

図 4: 実験装置の説明図

【実　験】

（ⅰ）準　備

(1) まず，ニュートンリング測定装置，収束レンズ，Na ランプを図3のように置く．ハーフミラーを鏡筒に対してほぼ45° に傾け，収束レンズからの平行光線をミラーの中央部にあてる．

(2) 鏡筒の位置を左右移動距離のほぼ中央（マイクロメーターの目盛り値，約 12 mm の位置）にする．Na ランプ，収束レンズ，ハーフミラー，鏡筒の位置関係を調整して，モニター画面中央付近にニュートンリングの同心円を表示させる．このとき，鏡筒を上下させて画像がはっきり見える位置を探す．

(3) つぎに視野が全体に明るくなるようにハーフミラーの傾きを微調整する．この際，**CCD カメラ部分には触れない**ように注意する．

(4) レンズホルダーの下部を持って静かに回転させてみる．ニュートンリングの位置が移動する場合は，レンズホルダー上部の2個のネジを用いて位置が移動しないように調整する．

（ⅱ）測定とデータ整理

　備え付けのマイクロメータを使い，$n = 5$ として暗輪の位置を測定する．**測定の際，マイクロメータはできるだけ一方向に移動させて目盛りを読みとる**（極力往復させない）．また，測定値は分かりやすく表にして整理する．

(1) ニュートンリング中央部とモニター画面上の十字線交点を一致させる．さらにマイクロメーターを回転してニュートンリング位置を移動させてみる．このときモニター画面の十字線の水平線に対してニュートンリングが平行移動しないようならば，測微顕微鏡の接眼筒部を少し回転させて移動方向を微調整する．

(2) 図2を参考に，画面左側にある 19 番目の暗輪（中心の暗円が 0 番目）を十字線の交点へ移動し，その位置 a_{19} を 1/1000 mm まで測定する．

(3) 以降，リングの内側（この場合，右方向）に向かって移動し，18～10 番目の暗輪を十字線の交点へ移動し，その位置 $a_{18}, a_{17}, \cdots, a_{10}$ を測定する．

(4) さらに，リング中央部をこえ，画面右側にある 10 番目の暗輪を十字線の交点に移動して，その位置 a'_{10} を測定する（(3)で測定した a_{10} との差，$a_{10} - a'_{10}$ が 10 番目の暗輪の直径 $2r_{10}$ となる）．

(5) 以降，リングの外側（この場合，右方向）に向かって移動し，11～19 番目の暗輪を十字線の交点へ移動し，その位置 $a'_{11}, a'_{12}, \cdots, a'_{19}$ を測定する．

(6) レンズを 90 度回転させ，(1)～(5)と同様の測定を行う．

5

(iii) 計算

　以下の計算により，レンズの曲率半径を求める．レンズを回転させる前と，90 度回転させた時の 2 つの場合についてそれぞれ計算すること．

(1) 10〜19 番目の暗輪の半径 r_{10}, r_{11}, $\cdots$, r_{19} を計算する（m 番目の暗輪の両端の位置が a_m, a'_m ならば，その直径は $2r_m = a_m - a'_m$ である）．

(2) 10〜19 番目の暗輪の半径の 2 乗，r_{10}^2, r_{11}^2, $\cdots$, r_{19}^2 を計算する．

(3) $n = 5$, $m = 10 \sim 14$ として，暗輪半径の 2 乗の差，$r_{m+n}^2 - r_m^2$ を計算する．

(4) 理科年表等でナトリウムランプの波長 λ（ナトリウム D 線の平均値）を調べる．

(5) (3) で得られた結果の平均値と (4) で調べた λ を式（3）に代入し，レンズの曲率半径 R を求める．

(6) (5) で得られた結果の平均値 $\bar{R}$ を求める．

【検討事項】

（ⅰ）光の波動としての性質（干渉・回折など）に関する事項についてひとつ選び，それについて調べて説明しなさい．

【参考書】

（ⅰ）小田，大石　共著「物理実験入門」（裳華房）

（ⅱ）徳岡善助　編「物理学概論下」（学術図書出版社）

（ⅲ）信州大学物理実験指導書編集委員会　編「物理学実験」（学術図書出版社）

（ⅳ）橋本万平　著「一般教育物理」（共立出版）

（ⅴ）現在授業で使用中の物理学の教科書

実験ノート

気象条件の記録　天候：＿＿＿＿＿　気温：＿＿＿＿＿　湿度：＿＿＿＿＿　気圧：＿＿＿＿＿＿

5

実験ノート

5

6 分光計の実験 (プリズムと回折格子)

【目　的】

(ⅰ) プリズムの屈折率測定

　ガラスなど光が透過する物質の屈折率を測定する方法はいろいろあるが，材質をプリズム形に成形し，分光計を用いて光の分散を利用する方法が基本的であり，かつ精密である．屈折率は波長により異なるが，ここではナトリウムの固有スペクトル（D 線）に対するプリズムの屈折率を，分光計を用いてプリズムの頂角と最小のふれの角との測定から求める．

(ⅱ) 回折格子による光の波長測定

　光は波であり，回折することはよく知られている．この実験では，透過型の平面回折格子を用いて光源の発光スペクトルの波長を測定すること，および光の回折現象を理解することを目的とする．

【原　理】

(ⅰ)　プリズムの屈折率

　図1に示すように，A での頂角 α，空気に対する屈折率 n のガラスプリズム ABC を透過する単色光について，AB 面および AC 面における入射角および屈折角を，それぞれ i, r, r', i', また，入射方向と射出方向との間のふれの角を δ とすれば，屈折の法則から

$$n = \frac{\sin i}{\sin r} = \frac{\sin i'}{\sin r'} \tag{1}$$

　また，図1から明らかなように

$$r + r' \;\; = \;\; \alpha \tag{2}$$

$$\delta \;\; = \;\; (i - r) + (i' - r') = (i + i') - \alpha \tag{3}$$

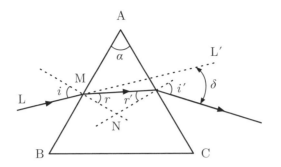

図 1: プリズムの屈折率測定の説明図

頂角 α および屈折率 n は与えられたプリズムについては一定であるから，ふれの角 δ は入射角 i のみに依存する．ゆえに δ を最小にする i の値は

$$\frac{d\delta}{di} = 1 + \frac{di'}{di} = 0 \tag{4}$$

の条件から決まる．また，式 (2) を i で微分すると

$$\frac{dr}{di} + \frac{dr'}{di'} \cdot \frac{di'}{di} = 0$$

$$\therefore \quad \frac{di'}{di} = -\left(\frac{dr}{di}\right) \Big/ \left(\frac{dr'}{di'}\right) \tag{5}$$

さらに式 (1) を i と i' で微分すると

$$\frac{dr}{di} = \frac{\cos i}{n\cos r} \quad , \quad \frac{dr'}{di'} = \frac{\cos i'}{n\cos r'} \tag{6}$$

式 (5), (6) を式 (4) に代入すると

$$\frac{d\delta}{di} = 1 - \frac{\cos i}{\cos r} \cdot \frac{\cos r'}{\cos i'} = 0$$

$$\therefore \quad \frac{\cos i}{n\cos r} = \frac{\cos i'}{n\cos r'} \tag{7}$$

式 (7) と式 (1) が同時に成立するための条件は

$$i = i' \quad , \quad r = r' \tag{8}$$

である．すなわち，光線がプリズムを対称的に通過する場合に δ は最小となり，これを最小のふれの角という．いま，最小のふれの角を δ_0 とすれば，式 (2), (3) より入射角と屈折角は

$$ i = i' = \frac{\delta_0 + \alpha}{2} \qquad , \qquad r = r' = \frac{\alpha}{2} \tag{9} $$

で表わされ，式 (9) を式 (1) に代入すると

$$ n = \frac{\sin\left(\dfrac{\delta_0 + \alpha}{2}\right)}{\sin\left(\dfrac{\alpha}{2}\right)} \tag{10} $$

が得られる．したがって，プリズムの頂角 α と，指定された単色光に対する最小のふれ角 δ_0 とを測定すれば，式 (10) からその単色光についてのプリズム材質の屈折率 n が求められる．

(ⅱ)　回折格子

　透過型平面回折格子はガラス板（紫外線用は水晶板）の片面にダイヤモンドの刃先で多数の平行線を等間隔に引いたものである．可視光線用の平面回折格子は，1 cm あたり数千本の平行線が引かれている．隣り合う平行線の間隔を格子定数 d といい，この線の本数が 1 cm 当たり N 本であれば，格子定数 d は，$d = 1/N$ cm である．図 2 の左図に示すように，格子定数 d の格子面に，波長 λ の光が垂直に入射する場合の回折を考える．あるスリット上の点 A_1 と，そこから d だけ離れた隣りのスリット上の点 A_2 にきた光は，回折格子を透過してから，入射光と θ の角度の方向に回折される．この回折光を無限遠で観測するか，あるいはレンズを使って集光すると，互いに隣りあう 2 光線の光路差 $d\sin\theta$ が波長 λ の整数倍のときに，光は強め合い明るい回折像を見ることができる．このことを数式で表すと

$$ d\sin\theta = m\lambda \qquad (m = 0, \pm 1, \pm 2, \cdots) \tag{11} $$

となる．ここに m を回折光の次数という．図 2 の右図は単色光を回折格子面に垂直に入射させたときの回折の様子を示したものである．これより，格子定数 d と回折角 θ が知れれば，波長 λ を求めることができる．

【使用器具】

　分光計・測定用プリズム・透過型平面回折格子・ナトリウムランプ（点灯器付）・水準器・CCD カメラ・モニター・小型ライト

6

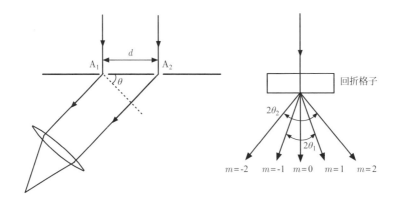

図 2: 光の回折の説明図（左）と回折格子による光の回折の説明図（右）

【実験1】　プリズムの屈折率測定

（ｉ）準　備

　分光計の使用にあたり，次の三つの調整が必要である．(1) 望遠鏡は平行光線のみを結像するように調整する．(2) ステージ面と望遠鏡の視軸を回転軸に直角にする（ここではすでに調整されている）．(3) コリメーターを出た光を平行光線とし，この光軸も回転軸に直角とする．
　上記三つの調整手順について説明する．

(1) 望遠鏡の調整
　　まずはじめに，接眼レンズの焦点を調節して，望遠鏡の内部に取り付けられている十字線がモニター上で明瞭に見えるようにする．また，望遠鏡は平行光線のみを結像するように調整しなければならない．これには遠くのものを見て，これにピントを合せてもよいが，分光計では一般に次の方法をとる．

　　(a) 望遠鏡の接眼部下部の採光部から豆ランプの光を入れて十字線を照らす．

　　(b) ステージ上に，直角プリズム型ミラーを立て，望遠鏡を出た光が，このガラス板で反射して再び望遠鏡の視野に入るように調節する．

　　(c) 望遠鏡の照準ハンドルを用いて鏡筒の長さを変化させ，十字線の反射像がはっきり見えるように調整する．このように，物体から出た光を再び物体自身の上に結像させる操作をオートコリメーションという（オートコリメーションの原理については【参考】の項を参照）．

　　これで望遠鏡は平行光線のみを結像するように調整されたことになるので，以後は照準ハンドルを動かしてはならない．

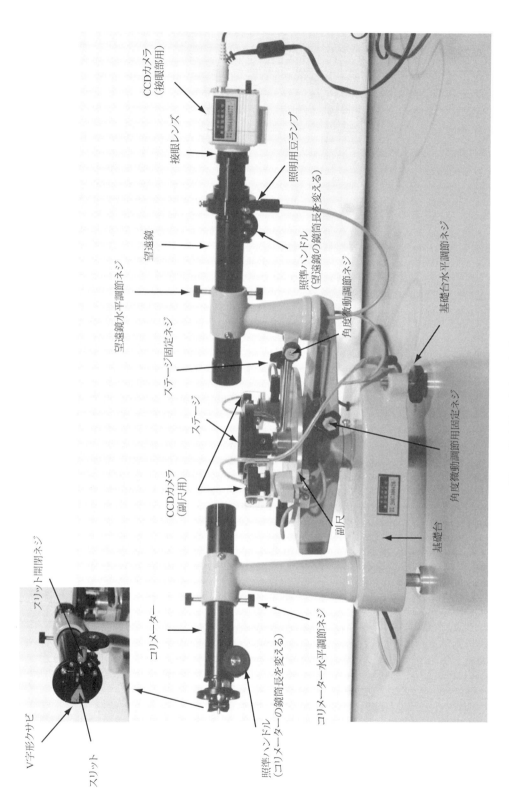

CCDカメラ
(接眼部用)

接眼レンズ

照明用豆ランプ

望遠鏡

照準ハンドル
(望遠鏡の鏡筒長を変える)

角度微動調節ネジ

望遠鏡水平調節ネジ

ステージ固定ネジ

ステージ

CCDカメラ
(副尺用)

副尺

基礎台水平調節ネジ

角度微動調節用固定ネジ

基礎台

スリット開閉ネジ

コリメーター

Ｖ字形タサビ

スリット

照準ハンドル
(コリメーターの鏡筒長を変える)

コリメーター水平調節ネジ

図 3: 分光計の各部の名称

(2) コリメーターの調整

(1) で調整された望遠鏡とコリメーターを一直線上に置く．ナトリウムランプをスリットの前に置き，望遠鏡にてスリット像をとらえ，スリット像がはっきり見えるように，コリメーターの筒の長さを調節する．望遠鏡の焦点は無限遠に合せてあるので，これでコリメーターを出た光は平行光線となっている．スリット調整ネジを回して適当なスリット幅になるように調節し，さらにスリット像の中央が十字線の交点にくるようにコリメーターの水平調整ネジを用いて調節する．この際，V字形クサビを適当量差し込み，スリット像の中央がとらえやすいようにすると良い．

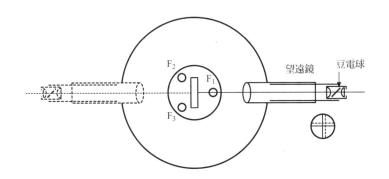

図 4: オートコリメーションを行う場合の配置図

(ii) 測定とデータ整理

望遠鏡は目盛円盤の中心の回りに回転でき，その回転角は目盛円盤によって測ることができる．副尺 V_1，V_2 は目盛円盤の目盛を読むためのもので，円盤の直径の両端に向かい合って配置してあり，望遠鏡と一体となって回転する．回転角の測定では，いつも副尺 V_1，V_2 を使って測定する．2個の副尺で，同時に読みとっておけば1回の操作で2個の測定値が得られる．

(1) プリズムの頂角 α の測定

(a) プリズムをプリズム固定台に取り付ける．プリズムの1面はスリ面となっているので注意する．

(b) 図5のように，分光計のステージ上にプリズムを置き，その頂角 α をコリメーターに向ける．

(c) コリメーターからの平行光線をプリズムにあて，プリズムの AB 面からの反射光を望遠鏡でとらえ，モニター上で観測されるスリット像を十字線に一致させたときの副尺の位置を目盛盤により読みとる．左側の副尺 V_1 の読みとり値を $V_1 = v_{\alpha 1}$，右側の副尺 V_2 の読みとり値を $V_2 = v_{\alpha 2}$ とする．

(d) 同様にして，プリズムの AC 面からの反射光についても副尺の位置を目盛盤により読みとる．左右の副尺の読みとり値をそれぞれ $V_1 = v'_{\alpha 1}$，$V_2 = v'_{\alpha 2}$ とする．

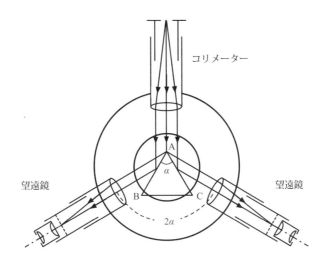

図 5: プリズムの頂角測定の説明図

(2) 最小のふれの角 δ_0 の測定

(a) 図 6 のように，コリメーター，プリズム，望遠鏡をセットし，プリズムで屈折した スリット像を望遠鏡の視野内に入れ，モニター上に映し出す．

(b) ステージを左右に回転させてみて，ふれの角 δ が減ずる方向（図 1 参照），すなわ ち，図 6（a）の場合は視野の中（モニター上）のスリット像が右方向に動く向きに ステージを回転させながら，望遠鏡でスリット像を追いかける．

(c) スリット像が一番右にくる位置を探し，十字線に一致させる．そのときが最小のふ れの角 δ_0 の位置である．このときの副尺の位置を目盛盤により読みとる．左側の副 尺 V_1 の読みとり値を $V_1 = v_{\delta 1}$，右側の副尺 V_2 の読みとり値を $V_2 = v_{\delta 2}$ とする．

(d) 次に，図 6（b）のようにプリズムをコリメーターの軸に関して図 6（a）の場合と対 称の位置になるように動かす．

(e) 望遠鏡の視野の中のスリット像をモニター上で見ながらステージを回転し，スリッ ト像が一番左にくる位置を探し，十字線に一致させる．そのときが最小のふれの角 δ_0 の位置である．このときの副尺の位置を目盛盤により読みとる．左右の副尺の読 みとり値を $V_1 = v'_{\delta 1}$，$V_2 = v'_{\delta 2}$ とする．

(iii) 計算

(1) 測定（1）で得られた結果を使って，プリズムの頂角を次式から計算する．また，この 2 つの値の平均値 $\overline{\alpha}$ を求める．

$$\alpha_1 = \frac{|v'_{\alpha 1} - v_{\alpha 1}|}{2} \quad , \quad \alpha_2 = \frac{|v'_{\alpha 2} - v_{\alpha 2}|}{2}$$

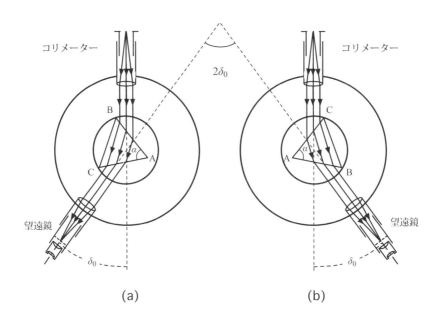

図 6: 最小のふれの角測定の説明図

(2) 測定（2）で得られた結果を使って，プリズムの最小のふれ角を次式から計算する．また，この2つの値の平均値 $\overline{\delta_0}$ を求める．

$$\delta_{01} = \frac{|v'_{\delta 1} - v_{\delta 1}|}{2} \quad , \quad \delta_{02} = \frac{|v'_{\delta 2} - v_{\delta 2}|}{2}$$

(3) （1）と（2）で得られた，プリズムの頂角 $\overline{\alpha}$ と，最小のふれの角 $\overline{\delta_0}$ および式（10）を用いて，ナトリウムのD線に対するプリズムの屈折率 n を計算する．

【実験2】 回折格子による光の波長の測定

この実験で使用しているナトリウムランプのD線の波長を求める．

（i）準備

分光器の調整は【実験1】で終わっているので，改めて調整する必要はない．コリメーターと望遠鏡を一直線上に置く．次に，回折格子を，回折格子の溝の切られている面を望遠鏡側に向けて，分光計のステージ上にセットする（図2右図）．格子面がコリメーター軸と垂直になっていればモニターに明るいスリット像が現れる．これが0次の回折像である．望遠鏡を左あるいは右に回転すると，この0次の回折像を中心に，左右対称に，1次，2次，…の回折像がモニター上に見られる．

（ii）測定とデータ整理

(1) 1次の回折像の測定

(a) 右側の1次の回折像（$m=1$）を十字線に一致させる．そのときの左側の副尺 V_1 の読みとり値を $V_1 = v_{11}$，右側の副尺 V_2 の読みとり値を $V_2 = v_{12}$ とする．

(b) 左側の1次の回折像（$m=-1$）を十字線に一致させ，左側の副尺 V_1 の読みとり値を $V_1 = v'_{11}$，右側の副尺 V_2 の読みとり値を $V_2 = v'_{12}$ とする（(a) と (b) で読み取った同じ側の角度の差が回折角 θ の2倍となっていることに注意）．

(2) 2次の回折像の測定

(a) 右側の2次の回折像（$m=2$）を十字線に一致させ，左側の副尺 V_1 の読みとり値を $V_1 = v_{21}$，右側の副尺 V_2 の読みとり値を $V_2 = v_{22}$ とする．

(b) 左側の2次の回折像（$m=-2$）を十字線に一致させ，左側の副尺 V_1 の読みとり値を $V_1 = v'_{21}$，右側の副尺 V_2 の読みとり値を $V_2 = v'_{22}$ とする．

（iii）計算

(1) 1次の回折角を次式から計算する．また，この2つの値の平均値 $\overline{\theta}_1$ を求める．

$$\theta_1 = \frac{|v'_{11} - v_{11}|}{2} \quad , \quad \theta'_1 = \frac{|v'_{12} - v_{12}|}{2}$$

(2) 式 (11) に，$\overline{\theta}_1$，$m=1$ を代入して，ナトリウム D 線の波長 λ_1 を求める．**格子定数 d については，使用した回折格子に記されている値を使うこと．**

(3) 2次の回折角を次式から計算する．また，この2つの値の平均値 $\overline{\theta}_2$ を求める．

$$\theta_2 = \frac{|v'_{21} - v_{21}|}{2} \quad , \quad \theta'_2 = \frac{|v'_{22} - v_{22}|}{2}$$

(4) 式 (11) に，$\overline{\theta}_2$，$m=2$ を代入して，ナトリウム D 線の波長 λ_2 を求める．また，λ_2 と λ_1 の平均波長 $\overline{\lambda}$ を求める．

【検討事項】

（i）測定から得られた，ガラスプリズムの屈折率 n と光源の波長 λ について理科年表等の値と比較し，誤差率を求めて，誤差の原因等について考察せよ．

【参　考】

オートコリメーションの原理

　分光計の望遠鏡には，主軸と $45°$ をなす平行ガラス板を挿入したガウス（Gauss）型接眼鏡が用いられている（小型の全反射プリズムを挿入したアッベ（Abbe）型接眼鏡のものもある）．したがって，このガラス板の先についている豆電球の光はガラス板で反射されて十字線を照らす．その十字線が対物レンズの焦点平面上にあればそこで散乱された光は平行光線となって望遠鏡を出て，ステージに置かれた平面ガラス板で反射されて，十字線上に結像することになる．十字線が対物レンズの焦点平面上にない場合には，これから散乱される光は発散光または収束光となり，平面ガラス板で反射された光も発散または収束する．したがって，十字線上には像ができない．このように物体から出た光を再び物体自身の上に結像させる操作をオートコリメーションという．

【参考書】

（ⅰ）平田森三　編「基礎物理学実験」（裳華房）

（ⅱ）櫛田孝司　著「光物理学」（共立出版）

（ⅲ）永田，飯尾，宮田　編「基礎物理実験」（東京教学社）

（ⅳ）吉田卯三郎　他共著「物理学実験」（三省堂）

（ⅴ）信州大学物理学実験指導書編集委員会　編「物理学実験」（学術図書出版社）

実験ノート

気象条件の記録 天候:＿＿＿＿＿＿ 気温:＿＿＿＿＿＿ 湿度:＿＿＿＿＿＿ 気圧:＿＿＿＿＿＿＿

6

7 気柱の共鳴とクントの実験 (音速の測定)

【目 的】

　空気中の音速を測定する方法として気柱の共鳴の実験，固体内部を伝わる音速を測定する方法の一つとして，クント（Kundt）の実験を行なう．この実験では，音の速さがその波長と振動数を測定することにより求められることを理解する．さらに，物質内の波動の伝播がその物質の弾性定数と深くかかわりのあることを理解し，実験で求められた固体内の音速から，ヤング率を算出する．

【原 理】

　気柱の共鳴の実験においても，クントの実験においても，共鳴によってできた定常波の波長と，別に求めた振動数との積をとることによって，音速を得る点で共通である．そこで，ここでは，クントの実験を例にとって，これらの原理を説明する．

　長さ L の棒の中央を固定し，これを軸方向にこすって縦振動を起すと，棒の中央は動き得ないため節となり，両端は最大振幅すなわち腹となる．定常振動においては，隣り合う腹と腹，節と節の間隔は半波長であるから，棒内の音波の基本振動の波長は $2L$ となり，振動数を ν とすれば，棒内の音の速度 V は，

$$V = \nu \cdot 2L \tag{1}$$

とあらわされる．したがって，棒の振動数 ν を知れば V を求めることができる．

　ν を測るには，気柱の共鳴を利用する．すなわち，この棒の振動を適当な太さの管内に導き，内部の気柱を共鳴させたときの定常波の波長を測定するのである．この場合，共鳴は耳では聞き分け難い．そこで，管内に石松子等の軽い粉末を散布しておき，気柱の振動に応じて出来る規則正しい縞模様の間隔 ℓ を測定する．これが管内に生じた定常波の波長 λ の $1/2$ に当たる．振動数はもちろん棒の振動数 ν で，空気中の音速が v ならば，$v = \nu \cdot 2\ell$ の関係がなりたち，

$$\nu = \frac{v}{2\ell} \tag{2}$$

7

として ν の値が得られる．よって，この値を式 (1) に代入すれば，

$$V = \frac{v}{2\ell} \cdot 2L = \frac{vL}{\ell} \tag{3}$$

として棒内の音速 V が求められる．空気中の音速 v は，気柱の共鳴の実験から別に求める．

【使用器具】

　水位可変装置付共鳴用ガラス管（共鳴ガラス管，気柱長調節ピストン，ガラス管支持台），音叉，ゴム頭付つち，試料棒固定具，試料棒（パイレックスガラス），尺度，石松子，アルコール，摩擦用布（ガーゼ），掃除棒

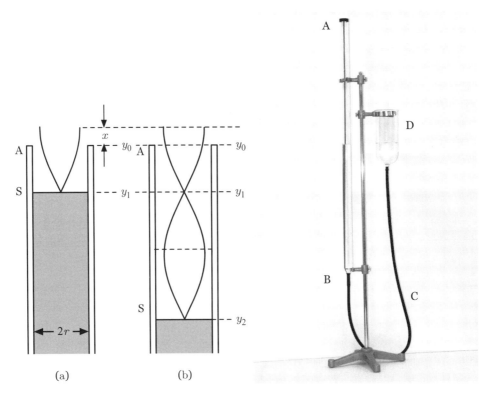

図 1: 気柱の共鳴による定常波のでき方（左）と気柱の共鳴実験装置（右）

7

【実験1】 気柱の共鳴

　図1（左図）に気柱の共鳴の概念図，図1（右図）に装置の写真を示す．装置は共鳴用ガラス管内の水位を D で変えられるようになっている．ここでは共鳴点の測定を行い，その結果から管内空気中の音速を求める．

　この実験でもう一つ注意してほしいのは，式（4）の計算で求めた波長から管口で定常波の腹のあるべき位置を計算すると，実際の管口の位置 A とは正確には一致せず，いくらか外に出ることである．図1（左図）の x がこの差に当たり，管の太さと密接な関係がある．x と管の半径 r との比 $c = x/r$ を**口端補正**という．

（i）測定とデータ整理

(1) まず D を上げて水位をできるだけ A 端に近づけおく．

(2) 音叉（振動数 既知）をゴムのつちで打って管口に近づけ（近づけすぎないこと．図1（左図）の x 程度離れていることが望ましい），D を徐々に下げて管内の水面を下げてゆく．

(3) やがて急に音が大きく共鳴するところが見つかるから，その付近で水位をゆっくり上下させ，共鳴点を確実にとらえる．このとき，音叉の向き，位置等を工夫して，できるだけうまく共鳴する条件をとらえなければならない．この点が，最初の節点であり，共鳴ガラス管側の尺度でのその位置を読み取り y_1 とする．

(4) 同様にして，順次下方の共鳴点を求め，少なくとも y_2, y_3, y_4 までを得る．

(5) (1)〜(4)を繰り返し3回行う．

(6) 共鳴ガラス管の内径 $2r$ をノギスで数回測定する．

（ii）計算

(1) 空気中を伝わる音の速さの計算

　(a) 各共鳴点の平均値，$\overline{y}_1, \overline{y}_2, \overline{y}_3, \overline{y}_4$ を求める．

　(b) （i）で求めた共鳴点は，すべて定常振動における節点であり，隣り合う節点間の距離は半波長に等しいから，次のようにして管内の波長 λ' を求める．

$$\begin{cases} \overline{y}_3 - \overline{y}_1 = 2\ell' \\ \overline{y}_4 - \overline{y}_2 = 2\ell'' \end{cases} \qquad \therefore \quad \lambda' = \frac{2\ell' + 2\ell''}{2} \tag{4}$$

　これに音叉の振動数 ν'（音叉に刻印されている値）を掛けて，管内の空気中の音速 v' を求める．

$$\therefore \quad v' = \nu' \cdot \lambda' \tag{5}$$

7

(2) 口端補正の値の計算

    (a) 共鳴ガラス管の内径 $2r$ の平均値を求める．これより内半径 r を求める．

    (b) 図 1（左図）から，$x = \lambda'/4 - (\bar{y_1} - \bar{y_0})$ となることがわかる．この式より，口端補正値 $c = x/r$ を計算する．

【実験2】 クントの実験

  棒中を伝わる音の振動数 ν から，棒中を伝わる音の速さ V，棒のヤング率 E を求める．装置の概略を図 2 に示す．図で ab が試料棒であり，b 端にはコルクの円板を固定してある．

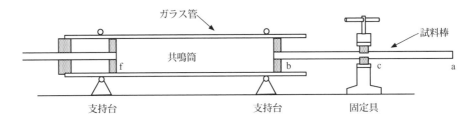

図 2: クントの実験の概念図

（i） 測定とデータ整理

(1) 試料棒の長さ L を，実験机に貼付けてある定規を使って計測し，記録する．

(2) 2 つのコルク片で，棒の中央の位置をはさみ，固定具 c にしっかり固定する（定規と (1) の測定結果とを使って正確に中央をはさむこと）．

(3) ガラス管の一端に，石松子粉末を小量入れ（薬さじで大さじ 1/2 杯程度），そのまま傾けてその全長に細長く散布する．このとき，管を回すと内面全体に粉が付着し外部から観察しにくくなるので，できるだけ細い線状に流すようにする．

(4) 次に一端に試料棒の b 端をさし入れ，他端には気柱の長さを調節するピストン f をさし入れて支持台に固定する．

(5) 試料棒を c 付近から a に向かってアルコールを浸したガーゼで摩擦して試料棒の中に縦振動を起す．試料棒を手のひら全体でつつみ込むように軽くこするとうまく音が出る．むやみにこするのでなく，常に手の感覚で抵抗をたしかめながらこすること．

(6) 音を出しつづけながらピストン f を動かして気柱の長さを変え，石松子粉が盛んに振動する位置をさがす．このとき定常振動が生じて気柱が共鳴しているから，f を微妙に移動させて調節すると，やがて粉は濃淡の縞模様となって管内に分布する．じゅうぶんに縞模様がはっきりするまで棒を摩擦する．

(7) ガラス管の外から尺度を密着させ，この節（または腹）の位置を順に読みとってゆく．このとき，コルク端の位置は節点として測定点には入れない方がよい．節（または腹）点を順次 x_0，x_1，x_2，x_3，$\cdots$ のように読みとって記録する．

（ii）計算

(1) x_0，x_1，x_2，x_3，$\cdots$ を，表 1 の例のように 2 組に分けて差をとる．$n = 4$ とすると，これらの差は管内の波長の 2 倍の長さとなる．

(2) (1) での差の平均値から，管内波長 λ を求める．

(3) 棒を伝わる音の振動数 ν を，

$$\nu = \frac{v'}{\lambda} \tag{6}$$

から求める．空気中の音速は【実験 1】で求めた v' を使用する．

(4) 試料棒の長さ L と，式（1）から試料棒中を伝わる音速 V を求める．

(5) 理科年表等で試料棒の密度 ρ を調べ，

$$E = \rho V^2 \tag{7}$$

から試料棒のヤング率 E を計算する．（【参考】の式（8）を参照．)

表 1　管内波長 λ の計算例

節（または腹）の位置		節（または腹）間距離
x	x'	$x' - x = n\lambda/2$
x_0	x_n	$x_n - x_0$
x_1	x_{n+1}	$x_{n+1} - x_1$
x_2	x_{n+2}	$x_{n+2} - x_2$
$\cdots$	$\cdots$	$\cdots$
x_{n-1}	x_{2n-1}	$x_{2n-1} - x_{n-1}$
平均		$\cdots$

7

【検討事項】

（ⅰ）気柱の共鳴の実験時の気象条件における空気中の音速を［参考］の式（12）を利用して理論的に求め，実験での値と比較し，誤差率を求めて，誤差の原因等について考察せよ．

（ⅱ）クントの実験より得られた固体中の音速の値を理科年表等の標準的な値と比較し，誤差率を求めて，誤差の原因等について考察せよ．

（ⅲ）得られた固体のヤング率を理科年表等の標準的な値と比較し，誤差率を求めて，誤差の原因等について考察せよ．

【参　考】

空気中の音速とその補正

　音という波動の伝播速度が，振動数と波長との積であるという，波動としての現象面からの説明であるが，媒質のもつ物理的性質との関連からとらえることも重要である．媒質内を波動が伝わるとき，その速度を規定するのは，媒質の慣性と復元力である．慣性は波の伝わってゆく道すじにある質量（厳密には密度）によってきまり，復元力は媒質の弾性（弾性率）によってきまる．波の速度は，一般に（弾性定数／密度）$^{1/2}$ と表され，弾性定数は，媒質が気体の場合には体積弾性率 k を，固体の場合はヤング率 E をとる．

　したがって，空気中の音速 v は

$$v = \sqrt{\frac{k}{\rho}} \tag{8}$$

として算出する．k の値は断熱変化時における体積弾性率として γp（γ は比熱比）と表されるので，上式は

$$v = \sqrt{\frac{\gamma p}{\rho}} \qquad （p と \rho は，測定時の圧力と密度） \tag{9}$$

と書き直すことができる．標準状態，0°C，1 気圧での圧力，密度を，それぞれ p_0，ρ_0 とすると，

$$v_0 = \sqrt{\frac{\gamma p_0}{\rho_0}} = 331.4 \text{ m/s} \tag{10}$$

となる．

(1) 温度補正

まず，温度によって音速がどう変るか考えよう．温度 t（この時，絶対温度 $T = 273 + t$）のときの圧力を p，密度を ρ として，ボイル・シャルルの法則（Boyle-Charles law）が成立するとすると，

$$\frac{p}{\rho T} = \frac{p_0}{\rho_0 T_0} \qquad \therefore \quad \frac{p}{\rho} = \frac{p_0 T}{\rho_0 T_0} \tag{11}$$

の関係が得られ，任意の温度における音速は次のように表される．

$$v = \sqrt{\frac{\gamma p_0 T}{\rho_0 T_0}} = \sqrt{\frac{\gamma p_0}{\rho_0}} \sqrt{\frac{273 + t}{273}} = v_0 \left(1 + \frac{t}{273}\right)^{\frac{1}{2}} \tag{12}$$

(2) 湿度補正

次に，水蒸気を含んだ，温度 t，圧力 p の空気を考える．水蒸気の分圧を e とすると，空気だけの分圧は $p - e$ である．この場合の空気だけの密度を ρ_1 とし，この空気を等温圧縮して圧力を p にしたとき，密度が ρ になるとすると，ボイルの法則から次の関係が得られる．

$$\frac{p - e}{\rho_1} = \frac{p}{\rho} \qquad \therefore \quad \rho_1 = \rho \left(1 - \frac{e}{p}\right) \tag{13}$$

また，この湿った空気に含まれる水蒸気のみに着目すると，温度は t，圧力は e である．この水蒸気の密度を ρ_2 とし，そのまま等温圧縮して圧力を p にしたとき，密度が ρ' になるとすると，同様に次の関係が成り立つ．

$$\frac{e}{\rho_2} = \frac{p}{\rho'} \qquad \therefore \quad \rho_2 = \rho' \cdot \frac{e}{p} \tag{14}$$

実験結果では，同じ圧力 p における水蒸気と空気の密度の比は，

$$\frac{\rho'}{\rho} \fallingdotseq \frac{5}{8} \tag{15}$$

であることがわかっており，空気および水蒸気の混合気体の密度は，両者の単なる和になるから，

$$\rho_1 + \rho_2 = \rho \left(1 - \frac{e}{p}\right) + \frac{5}{8} \rho \cdot \frac{e}{p} = \rho \left(1 - \frac{3}{8} \cdot \frac{e}{p}\right) \tag{16}$$

7

したがって，湿った空気中の音速は，次のようになる．

$$v = \sqrt{\frac{\gamma p}{\rho_1 + \rho_2}} = \sqrt{\frac{\gamma p}{\rho}}\left(1 - \frac{3}{8}\cdot\frac{e}{p}\right)^{-\frac{1}{2}} = \sqrt{\frac{\gamma p_0}{\rho_0}}\left(1 + \frac{t}{273}\right)^{\frac{1}{2}}\left(1 - \frac{3}{8}\cdot\frac{e}{p}\right)^{-\frac{1}{2}}$$

$$= v_0\left(1 + \frac{t}{273}\right)^{\frac{1}{2}}\left(1 - \frac{3}{8}\cdot\frac{e}{p}\right)^{-\frac{1}{2}} \tag{17}$$

【参考書】

（ⅰ）吉田，武居 共著 「物理学実験」 （三省堂）

（ⅱ）現在授業で使用中の物理学の教科書．

実 験 ノ ー ト

気象条件の記録　天候：＿＿＿＿＿　気温：＿＿＿＿＿　湿度：＿＿＿＿＿　気圧：＿＿＿＿＿

7

7

8 力学的エネルギーの測定

【目　的】

物体が保存力の作用を受けて運動するときの力学的エネルギーを求め，運動エネルギーと位置エネルギーの関係を学習する．

【原　理】

重力などの保存力の場における物体の運動では，その位置エネルギーと運動エネルギーとの和は不変に保たれる．これを力学的エネルギー保存則と呼ぶ．

（ⅰ）振り子の運動

図1のように，細いひもの先端に質量 m の小物体をつけた振り子の運動を考える．この小物体には，ひもの方向に張力と鉛直下向きに重力が作用している．しかし，振り子のひもは伸

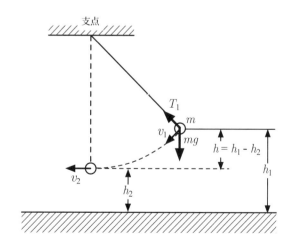

図 1: 振り子の運動

びないものとすれば，張力は仕事をしない．小物体に仕事をするのは保存力である重力のみである．いま，この物体の高さ h_1 における速さを v_1，高さ h_2（振り子の最下点）での速さを v_2 とする．この間に重力のなした仕事，すなわち位置エネルギーの変化 U は $U = mg(h_1 - h_2)$ であり，物体の運動エネルギーの増加 K は，

$$K = \frac{1}{2}mv_2^2 - \frac{1}{2}mv_1^2 \tag{1}$$

である．[*1] この運動エネルギーの増加は，重力のなした仕事によるものと考えられるから，

$$mg(h_1 - h_2) = \frac{1}{2}mv_2^2 - \frac{1}{2}mv_1^2 \tag{2}$$

なる関係が得られる．整理すると，全力学的エネルギー E は

$$E = \frac{1}{2}mv_1^2 + mgh_1 = \frac{1}{2}mv_2^2 + mgh_2 \tag{3}$$

となり，任意の点における位置エネルギーと運動エネルギーとの和は運動中，常に一定であることが示される．すなわち，一様重力場（保存力場）中での物体の運動では，力学的エネルギー保存則が成り立つ．

（ii）斜面上の転がり運動 ＜回転を伴う運動＞

　質量 m，半径 a の一様な球体がすべることなく，水平面と θ の傾きをなす斜面を転がる運動を考える．x 軸と y 軸を 図 2 のようにとり，球体重心 G の運動を調べる．

　球体を斜面上の高さ h_1 の位置から，静かに離し（初速度 $v_1 = 0$），斜面最下点の高さ h_2 の位置まで転がすとき，この球体に重力がなした仕事（位置エネルギーの変化 U）は $U = mg(h_1 - h_2)$ である．一方，斜面最下点での球体の重心 G の速度が v_2 であったとすると，斜面にそった（並進）運動エネルギーの増加は $\frac{1}{2}mv_2^2 - \frac{1}{2}mv_1^2$ である．しかしながら，大きさをもつ物体が回転をともなって運動する場合においては，並進運動エネルギーだけでなく，回転による運動エネルギーも考慮する必要がある．このような回転をともなう運動における全運動エネルギー K は，重心 G の斜面（x 軸）に沿った並進運動エネルギー K_H と，球体の重心 G を通る軸を回転軸とした回転運動エネルギー K_R の和として考えることができる．即ち，全運動エネルギー K は $K = K_H + K_R$ である．したがって，

$$
\begin{aligned}
mg(h_1 - h_2) &= K_H + K_R \\
&= \left(\frac{1}{2}mv_2^2 - \frac{1}{2}mv_1^2\right) + \left(\frac{1}{2}I\omega_2^2 - \frac{1}{2}I\omega_1^2\right)
\end{aligned}
\tag{4}
$$

[*1] 実際の実験では球体が使われているため，重心のまわりの回転運動（自転）も伴っているが，ひもの長さが球体の半径に比べて十分に大きい場合は，重心の移動量の方が球体の回転量（せいぜい 1/4 回転程度）よりはるかに大きくなる．したがって，回転運動エネルギーは（並進）運動エネルギーに比べて無視できるほど小さくなる．

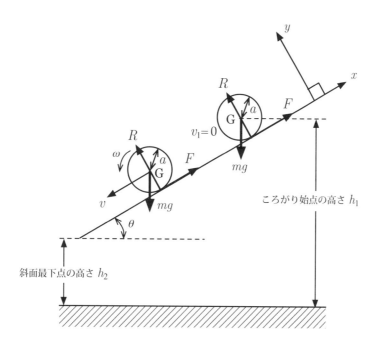

8

図 2: 斜面上を転がり落ちる球体の運動

となる．この式において，

$$K_{\mathrm{R}} = \frac{1}{2} I \omega_2^2 - \frac{1}{2} I \omega_1^2 \tag{5}$$

は回転運動エネルギーの増加分である．I は慣性モーメントであり，ω_1，ω_2 はそれぞれ始点の高さと斜面最下点における重心 G のまわりを回転する球体の回転角速度である．整理すると，回転運動をともなう運動における力学的エネルギー保存則は，

$$E = \frac{1}{2} m v_1^2 + \frac{1}{2} I \omega_1^2 + mgh_1 = \frac{1}{2} m v_2^2 + \frac{1}{2} I \omega_2^2 + mgh_2 = 一定 \tag{6}$$

となる．

一様な球体の場合，重心 G を通る軸のまわりの慣性モーメント I は，球の質量を m，半径を a とすると，

$$I = \frac{2}{5} m a^2 \tag{7}$$

で表される．また，球体が滑らずに斜面上を転がるときの斜面最下点における角速度 ω_2 と，斜面最下点における球体の重心 G の斜面に沿った並進運動速度 v_2 との間には，

$$\omega_2 = \frac{v_2}{a} \tag{8}$$

なる関係が成り立つ．この式 (7)，(8) を用いれば，球体の回転運動エネルギー K_R は式 (5) から，$v_1 = 0$ の場合 $\omega_1 = 0$ なので，

$$K_R = \frac{1}{2}I\omega_2^2 - \frac{1}{2}I\omega_1^2 = \frac{1}{2} \cdot \frac{2}{5}ma^2 \cdot \left(\frac{v_2}{a}\right)^2 = \frac{1}{5}mv_2^2 \tag{9}$$

となる．したがって，この式 (9) を式 (4) に代入すれば，球体が斜面を滑らずに転がり運動をする場合の全運動エネルギー K を求めることができる．$v_1 = 0$ の場合は，

$$K = K_H + K_R = \left(\frac{1}{2}mv_2^2 - \frac{1}{2}mv_1^2\right) + \frac{1}{5}mv_2^2 = \frac{7}{10}mv_2^2 \tag{10}$$

と表すことが出来る．(回転運動エネルギー，慣性モーメントについては，現在授業で使用中の教科書を参照)

【使用器具】

　振り子装置一式，制御装置，転がり傾斜台，光電スイッチおよび電源ボックス，電気式ストップウォッチ，衝撃センサー，吊り下げ用電磁石（ソレノイド），スタート用電磁石，金尺，簡易ハイトゲージ

【実験1】　振り子の運動

　図3に示す振り子装置を使って振り子の運動を調べる．この装置は，振り子が最下点の位置でタイミングスイッチの電極用 L 型針金を蹴ると，電気接点が解放され，同時に吊り下げ用電磁石のピンがはずれ電気式ストップウォッチがスタートする．この衝撃センサーは金属球がこの盤上に落ちると，その衝撃で電気信号を発し，その信号が電気式ストップウォッチに送られ，計測が止まるようになっている．同時に，カーボン紙と重なっている白紙上に落下位置の跡がつく．測定データは後ろの表に記入する．

（ⅰ）測定とデータ整理

(1) 使用装置の確認をし，各装置間の結線を行う．

(2) 振り子金属球の質量 m を電子天秤にのせて数回測定する（ひもは軽いので一緒にのせて計測してよい）．

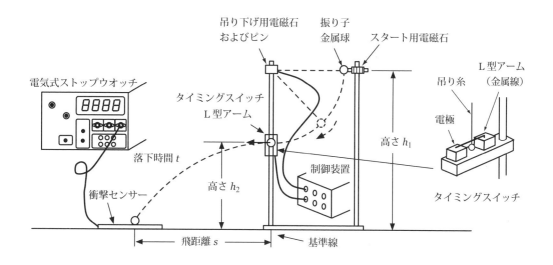

図 3: 振り子による「力学的エネルギー保存則」の実験

(3) 振り子の支点となる吊り下げ用電磁石のピンの位置とタイミングスイッチが「基準線」の鉛直上方にくるように以下のように調整，確認する．**この調整が悪いと金属球が水平方向に飛び出さないので注意.**

 (a) 吊り下げ用電磁石とタイミングスイッチを支柱に固定している黒いネジを緩め，タイミングスイッチをずらす．

 (b) 箱の中に用意されている，先端が尖ったおもりのついた吊り糸を吊り下げ用電磁石のピン（振り子支点）に引っかけ，おもりの尖った先端が支点直下の「基準線」の位置にくるように吊り下げ用電磁石をずらす．調整が終わったらネジをしめて支柱に固定する．この作業により，振り子支点の位置は「基準線」の鉛直上方になる．

 (c) つぎに，金属球の付いた振り子を吊り下げ用電磁石のピンに引っかけ，振り子支点の鉛直下方にタイミングスイッチの電極－L型針金－が来るようにタイミングスイッチをずらす．調整が終わったらネジをしめて支柱に固定する．

(4) 金属球の落下地点をとらえるために，衝撃センサー盤上に白紙とカーボン紙を重ねてセットする．紙が動かないように，マグネットシートで押さえる．

(5) 振り子を吊り下げ用電磁石のピンに引っかけた状態で，制御装置正面の保持スイッチ（step1）を下に押すと振り子が保持され表示ランプが点灯する（タイミングスイッチ電極間が導通状態でないと点灯しないので注意）．

(6) 振り子支点での吊り糸の位置を引っ掛けピンの外側にある"あたり板"に接触させるようにセットする（吊り糸が外れやすい状態にしておく）．

(7) 振り子最下点での高さ h_2 を，棒に貼付けたメジャーと三角のアクリル板を使って測定する．

(8) つぎに，振り子金属球をスタート用電磁石に吸着させ，この状態で金属球の始点の高さ

h_1 を測定する（スタート用電磁石のスイッチボタンを 1 回押すと ON 状態で固定する．もう 1 回ボタンを押すと解除し OFF 状態となる）．

(9) タイミングスイッチの電極間の導通を確認し（表示ランプが点灯している），この状態で，右側 （step2）のスイッチを下に押すと，表示ランプが点灯する（電極間が導通状態でないと点灯しない．また，セットしている間に，タイミングスイッチを解放してしまうと，振り子がはずれるので注意）．

(10) 制御装置の （step 1） および （step 2） の表示ランプが点灯していることを確認し，電気式ストップウォッチの RESET ボタンを押す．その後，スタート用電磁石を OFF 状態にして振り子をスタートする．

(11) 衝撃センサー盤上の押印された落下地点とタイミングスイッチ直下の地点（基準線）間距離 （飛距離 s）を計測する．同時に，吊り糸が外れてから落下するまでの時間（落下時間 t）を記録する．

　　金属球の落下地点が，衝撃センサー盤上の白紙とカーボン紙の上にないと飛距離も落下時間も計測できないので，その場合は衝撃センサー盤の位置を再度調整して (5) からやり直す．

(12) 押印点に番号（実験回数）を記入しておく．さらに，次回の押印点の重なりを避けるため，衝撃センサー盤を前後，あるいは左右に若干ずらしておくと良い．

(13) (5)～(12) までの測定を 5 回行う．

(ii) 計　算

(1) 金属球の落差 $\Delta h = h_1 - h_2$ を計算し，その平均値 $\overline{\Delta h}$ を求める．

(2) (1) より，金属球の始点と最下点での位置エネルギーの変化 $U = mg\overline{\Delta h}$ を求める．

(3) 金属球の飛距離の平均値 $\overline{s}$ と落下時間 t の平均値 $\overline{t}$ から，吊り糸が外れてから落下するまでの間の金属球の平均速度 $\overline{v}_2 = \overline{s}/\overline{t}$ を求める．

(4) (3) より，最下点での金属球がもつ運動エネルギー $K = m\overline{v}_2^2/2$ を求める．始点での金属球の速度 v_1 は $v_1 = 0$ であるから，この K が金属球の運動エネルギーの変化と一致する．

(5) (2) と (4) から，エネルギー変換率 $\varepsilon = K/U \times 100(\%)$ を求める．

【実験2】 回転をともなった運動（斜面上の転がり運動）

図4のような斜面上を金属球（質量 m，半径 a）が，すべることなく転がり落ちるときの運動を調べる．この装置は斜面を転がり落ちてきた金属球が，斜面最下点にある光電スイッチを作動させ，その信号で電気式ストップウォッチがスタートする．金属球は衝撃センサー盤上に落下し，この衝撃信号によって電気式ストップウォッチが止まる．測定データは後ろの表に記入する．

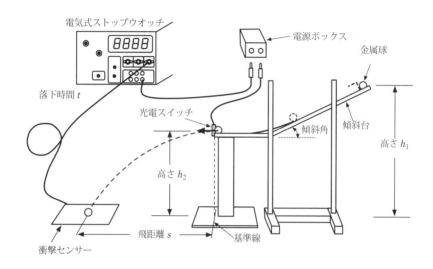

図 4: 回転をともなった「力学的エネルギー保存則」の検証

（ⅰ）測定とデータ整理

(1) 使用装置の確認をし，各装置間の結線を行う．

(2) 金属球の質量 m を電子天秤にのせて数回測定する．

(3) 金属球の直径 $2a$ をノギスで測定する．

(4) 鋭い先端を持つおもりのついた吊り糸を用いて，斜面最下点での飛び出し点が基準線の真上であることを確認する．

(5) 斜面の傾斜角 θ を分度器を使って測定する．

(6) 落下地点を確認するために，【実験1】と同様に，衝撃センサー上にカーボン紙と白紙を重ねてセットする．白紙は新しいものに取り替える．

(7) 金属球を転がり始点に静かにおいて転がして落下地点を確認し，衝撃センサー盤を適切な位置に置く．

(8) 金属球を斜面最下点の位置に置き，高さ h_2 を測定する．

(9) つぎに，この金属球を転がり始点に置きスタート用 L 型金具で止めておく．この転がり始点の高さ h_1 を測定する．

(10) 電気式ストップウォッチの RESET ボタンを押し，計時表示を 0 にする．

(11) L 型金具を静かに取り除く．金属球は転がり始め，衝撃センサー盤上に落下する．

(12) 金属球が斜面最下点からセンサー盤上に落下するまでの時間 t を記録する．

(13) センサー盤上の押印された点を確認し，基準線からの飛距離 s を金属定規で計測する．押印点には番号（実験回数）を記入しておく．衝撃センサー盤は，次回の押印点の重なりを避けるために，前後，あるいは左右に若干ずらしておくと良い．

(14) (8)〜(13) までの測定を 5 回行う．

（ii）計　算

(1) 金属球の落差 $\Delta h = h_1 - h_2$ を計算し，その平均値 $\overline{\Delta h}$ を求める．

(2) (1) より，金属球の始点と最下点での位置エネルギーの変化 $U = mg\overline{\Delta h}$ を求める．

(3) 金属球の飛距離の平均値 $\overline{s}$ と落下時間 t の平均値 $\overline{t}$ から，最下点での金属球の平均速度 $\overline{v}_2 = \overline{s}/\overline{t}$ を求める．

(4) (3) より，最下点での金属球がもつ並進の運動エネルギー $K_{\mathrm{H}} = m\overline{v}_2^2/2$ を求める．

(5) 金属球の半径の平均 $\overline{a}$，質量 m，式 (7)，式 (8) から，金属球の慣性モーメント $I = 2m\overline{a}^2/5$ を求める．

(6) $\overline{v}_2$，$\overline{a}$，式 (5) から，最下点における金属球の平均角速度 $\overline{\omega}_2 = \overline{v}_2/\overline{a}$ を求める．

(7) (5) と (6) から，最下点における金属球の回転の運動エネルギー $K_{\mathrm{R}} = I\overline{\omega}_2{}^2/2$ を求める．

(8) (4) と (7) より，金属球の最下点での全運動エネルギー $K = K_{\mathrm{H}} + K_{\mathrm{R}}$ を求める．

(9) (2) と (8) から，エネルギー変換率 $\varepsilon = K/U \times 100(\%)$ を求める．

【検討事項】

（i）振り子の運動中に，振り子にはどんな力が働いているか．そして，それぞれの力は運動中に仕事をしているかどうか考察せよ．

（ii）斜面上を転がる金属球に働いている力を列挙し，それぞれが仕事をしているかどうか考察せよ．

（iii）2 つの実験では $\varepsilon < 100(\%)$ となるが，その理由を考察せよ．

【参考書】

（i）　現在授業で使用中の物理学の教科書

（ii）　大槻義彦 著「物理学 I」（学術図書出版社）

実験ノート

力学的エネルギー保存則の実験：データ記録シート
下記表の空欄に測定値を，カッコ（　）内には単位を記入して整理する．

【実験1】　振り子運動の実験

表1　金属球の質量 m の測定

回数	質量 m （　　　）
1	
2	
3	
平均	

表2　金属球の落差 $\Delta h = h_1 - h_2$，飛距離 s，落下時間 t の測定

回数	始点 h_1 （　　　）	最下点 h_2 （　　　）	落差 Δh （　　　）	飛距離 s （　　　）	落下時間 t （　　　）
1					
2					
3					
4					
5					
平均					

【実験2】　斜面上の転がり運動の実験

表3　金属球の質量 m と直径 $2a$ の測定

回数	質量 m （　　　）	直径 $2a$ （　　　）
1		
2		
3		
平均		

表4　斜面の傾斜角 θ

回数	傾斜角 θ （　　　）
1	
2	
3	
平均	

表5　金属球の落差 $\Delta h = h_1 - h_2$，飛距離 s，落下時間 t の測定

回数	始点 h_1 （　　　）	斜面最下点 h_2 （　　　）	落差 Δh （　　　）	飛距離 s （　　　）	落下時間 t （　　　）
1					
2					
3					
4					
5					
平均					

実 験 ノ ー ト

気象条件の記録 | 天候：＿＿＿＿＿　気温：＿＿＿＿＿　湿度：＿＿＿＿＿　気圧：＿＿＿＿＿

9　超伝導体の電気抵抗測定

【目　的】

酸化物高温超伝導体の電気抵抗の温度依存性を測定して**完全導電性**を確認することで，超伝導状態に対する理解を深める．

【原　理】

（ⅰ）超伝導体

一般に，金属の電気抵抗は温度を下げると小さくなり，半導体や絶縁体の電気抵抗は温度を下げると大きくなる．いくつかの金属や半導体は，低温で超伝導状態に転移する．この超伝導状態では，

(1) 完全導電性（電気抵抗がゼロ）

(2) 完全反磁性（超伝導体内部の磁束密度を排除する性質：マイスナー効果（Meissner effect））

の2つの特徴を示す．

常伝導状態から超伝導状態に変わる温度を超伝導転移温度（critical temperature : T_c）とよぶ．古くから知られている金属の超伝導転移温度は極低温（$-270°C \fallingdotseq 3$ K 付近）の温度範囲であり，超伝導状態を出現させるためには高価な液体ヘリウム（$-269°C \fallingdotseq 4.2$ K）などが必要であった．1987 年に，液体窒素温度（$-196°C \fallingdotseq 77.4$ K）以上でも超伝導状態になる酸化物，**酸化物高温超伝導体**（例えば，Y-Ba-Cu-O 系の $YBa_2Cu_3O_n$），が発見され注目されている．

（ⅱ）電気抵抗測定

物質の電気抵抗 R を測定するためには，物質に電流 I を流した時の電圧 V を測定すればよい．電気抵抗測定の一般的な方法に，図1に示す2端子法と4端子法がある[*1]．2端子法（図1左図 (a)）は，試料に取り付ける電流端子と電圧端子が共通（合計2端子）なため簡便である

[*1] 一般的な電圧計の入力抵抗は 100 MΩ 以上あり，試料抵抗と接触抵抗とが大きくなければ，**電圧計に流れ込む電流**を考慮しなくてもよい．

が，一般に，端子を構成するリード線と試料の間には**接触抵抗**とよばれる抵抗が存在するため，測定から得られる抵抗値は試料の抵抗値と接触抵抗値を足したものになる．また，端子での**接触抵抗**が大きな場合，抵抗を正確に測定するのは困難である．一方，4端子法（図1右図 (b)）は，試料に電流端子2つと電圧端子2つとを独立に取り付けるため準備は大変であるが，接触抵抗の影響を受けにくいため，電圧端子間の抵抗値を精密に測定することが出来る．

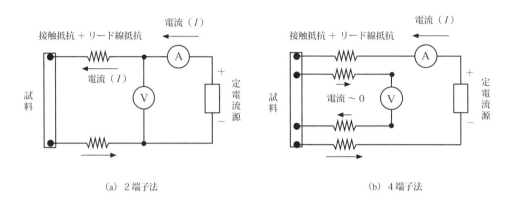

図 1: 電気抵抗測定法の概略

(iii) 熱電対による温度測定

異なった2種類の金属を図2のように接合し，2つの接合点 A，B に温度差を与えると，回路には電流が流れる．この現象を**ゼーベック効果**（Seebeck effect）という．回路の途中を切り放すと，この両端 C，D には電位差が生じる．この電位差を**熱起電力**という．この熱起電力は，2つの金属の種類，温度差で決まり，長さ，サイズ等には依存しない（熱起電力と温度差との関係は，JIS 等で規定されている）．この原理によって温度差を測る素子を**熱電対**という．

熱電対は2つの温度の温度差を測るものであるから，一方の接点 A を基準温度 T_1（たとえば，0°C — 氷点温度 —）に保てば，発生する電圧（熱起電力）は他方の接点 B の温度 T_2 で決まる．この発生電圧を測定すれば，温度 T_2 を知ることが出来る．

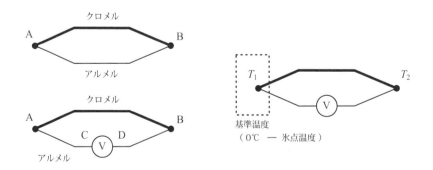

図 2: 熱電対による温度測定の概略

以下に代表的な熱電対とその使用温度領域を列記する.

(1) クロメルーアルメル熱電対使用温度範囲：−200°C 〜 1200°C

(2) 銅ーコンスタンタン熱電対使用温度範囲：−200°C 〜 400°C

(3) 白金ロジウムー白金熱電対使用温度範囲：0°C 〜 1600°C

【使用器具】

液体窒素，試料容器（超伝導体を封入），昇降スタンド，直流定電流発生器，デジタルマルチメータ，温度指示計，試料冷却用低温容器（魔法瓶）

図3に実験装置の全体を示す．以下，本実験で使用する装置について簡単に記述する.

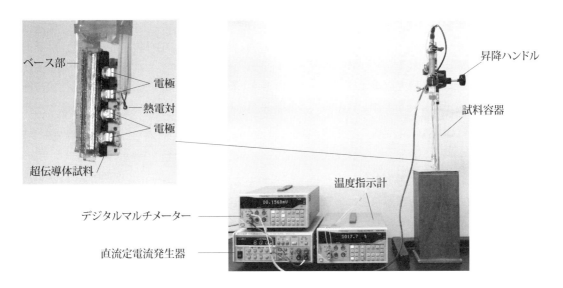

図 3: 超伝導体試料周辺の拡大写真（左）と超伝導実験装置（右）

（ⅰ）液体窒素

くみ出しや取り扱いは，必ず指導担当者の指示に従うこと．また，以下の点についても注意すること.

(1) 液体中に手などを絶対に入れないこと．凍傷になる．また，液体窒素で冷やされているものに直接手を触れることは危険である.

(2) 気化した窒素は，実験室などの広い空間では問題ないが，これに顔を不必要に近づけることは危険である．特に，閉鎖空間では気化した窒素によって窒息することがある．また，こぼしたり，魔法瓶の中に物を入れないよう，十分注意すること．

(ii) 直流定電流発生器

本装置は，数値の設定により一定直流電流を容易に取り出すことのできる電源装置である．また，極性切換スイッチにより電流の向きを反転させることができる．

(iii) デジタルマルチメータ

デジタルマルチメータは，直流電圧，直流電流，交流電圧，交流電流，抵抗測定，温度測定に対応できる機能を備え，また演算，データ保存機能等により応用測定も可能な汎用性のある計器である．本実験では，計器を直流電圧測定用として使用する．

(iv) 温度指示計

温度センサーとしてクロメルーアルメル熱電対を使って，超伝導体試料の温度を測定する．熱電対の先端（測温部）は，試料容器内の試料の近くに取り付けてあり（図3右 参照），他端は温度指示計の「温度測定端子」に接続される．熱電対に発生する電圧（熱起電力）は，計器内部の電気回路で温度に換算され，さらに室温補正された温度が正面パネルに表示される（温度指示計には，周囲温度検出点が設けてあり，その温度 (基準) を等価的に 0°C にする基準接点補償回路が組み込まれている）．したがって表示温度は，0°C を基準とした試料部の温度とみなすことができる．

(v) 試料容器

超伝導体試料はすでに取り付けられている（容器先端部に見える 4 端子の付いた板状の黒い物質（図3右 参照））．容器内部は，冷却した際に空気中の水分が霜となって試料に付着しないように，空気を排除してある．また，低温寒剤（液体窒素）と熱のやり取りが出来るように，容器内にはヘリウムガスが封入されている．試料からの 4 端子リード線，および熱電対リード線は容器上部のコネクターを通して外部に取り出されている．試料容器はガラスで作られていて，破損しやすいので，乱暴に取り扱わないこと．

【実　験】

(i) 準　備

(1) 液体窒素を魔法瓶に注入する．

    (a) くみ出しは，必ず指導担当者の指示に従うこと．魔法瓶に注入された液体窒素は，はじめはかなりはげしく沸騰するが，その沸騰はすぐにおさまるはずである．

(b) その後，ゆっくりと指定された液面の位置まで注入する．

(2) 温度指示計の電源コードのプラグを AC 100 V コンセントに差し込む．温度指示計は，アルメル－クロメル熱電対用にすでに初期設定されている．また，熱電対リード線も「温度測定端子」にすでに接続されているので，電源を投入するだけで正面パネルの表示部に試料の温度を表示させることができる．

(3) 以下の要領で直流定電流発生器（図 4 参照）を設定する．

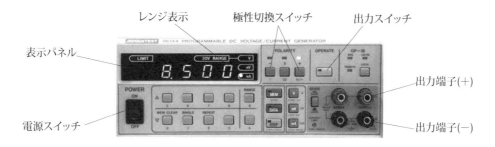

図 4: 直流定電流発生器正面図（ADVANTEST 製 R6144）

(a) 電源スイッチが OFF になっていることを確認する．

(b) 電源コードのプラグを AC 100 V コンセントに差し込み，電源スイッチを ON にする．

(c) 初期設定動作の後，レンジ表示の「mA」が緑に点灯していることを確認する．また，表示パネルには事前に設定された電流値が表示される．

(d) （c）で設定した値が試料に流れる電流値 I となる．指示がない限り電流値を変更しないこと．

(4) 図 5 に示すデジタルマルチメータの設定をする．

(a) 「DCV」キーを押し，表示ランプを点灯させる．

(b) 「AUTO」キーを押し，表示ランプを点灯させる．

（ii）測定・データ整理

試料の温度を低下させながら，各温度に対する超伝導体の端子間電圧 V を 4 端子法で測定する．本実験では測定の時間間隔が長いので，(iii) で説明する計算を同時に行う．温度 T に対する，正方向電圧 V_+，負方向電圧 V_-，端子間電圧 $V = \{(V_+) - (V_-)\}/2$，抵抗値 $R = V/I$ を記録するための表，および横軸を温度 T，縦軸を抵抗値 R のグラフを作成しておく．

(1) 試料容器ガラス管の先端部を液体窒素の入った魔法瓶の上部ふたの位置に置く．

9

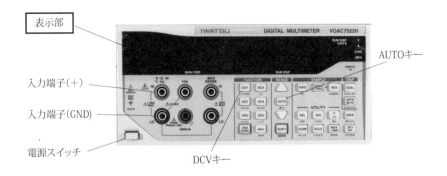

表示部

入力端子（＋）

入力端子（GND）

電源スイッチ

AUTOキー

DCVキー

図 5: 直流電圧測定用デジタルマルチメータ（岩通製 VOAC7522H）

(2) 試料の電圧端子間距離 ℓ, 幅 d, 厚み t の値が, 試料容器の側面に与えてあるので記録する.

(3) 定電流発生器が発生する電流値 I を記録する.

(4) 温度指示器が表示する試料の温度 T を読み取り, 記録する.

(5) 定電流発生器の出力スイッチを押して「ON」に切り換える（出力スイッチ が赤く点灯する）.

(6) 定電流発生器の「極性切換スイッチ」を「＋」にして, 正方向電圧 V_+ をマルチメーターで読み取り, 記録する.

(7) 「極性切換スイッチ」を「−」にして, 負方向電圧 V_- を読み取り, 記録する.

(8) 作成しておいたグラフ（横軸を温度 T, 縦軸を抵抗値 R）に測定点を記入する.

(9) 温度をゆっくり下げながら（1分で2〜3℃程度の速さで温度を下げることを目安にする）, 所定の温度に達したら (4)〜(8) の測定を行う.

   (a) 室温から −170℃ までは, 10℃ 間隔で測定する.

   (b) −170℃ を過ぎて超伝導転移温度付近までは端子間電圧が大きく変化するので, −170℃ 以下では 1℃ 間隔で測定する.

   (c) さらに急激な電圧変化が見えはじめたら, できるだけ細かい温度間隔（1℃以下）で測定を行う.

   注意 1： 温度, および電圧は連続的に変化している. 所定の温度に達したならば, その時点での温度 T および電圧 V_+, V_- をすばやく読み取り記録する.

   注意 2： 試料容器の最終下げ地点は, 指定された位置（「下げ, 停止線」位置）である. これより下げるとガラス管, あるいは魔法瓶を破損するおそれがある.

温度の下げ方と注意事項を，以下に記述する．

(d) 図 6 に示すように，試料容器ガラス管の先端を，魔法瓶の上部ふたの位置を基準にして約 1 cm 程ゆっくりと入れ，一旦固定する．**大きく入れすぎると温度が急激に低下してしまうので注意．**

(e) 約 2 分間，指示温度計の示す温度がゆっくり下がるのを待つ．温度が低下しなければ，さらに 1 cm 程入れる．

(f) 温度の下がり方がかなり遅くなってきたならば，さらに，試料容器ガラス管を約 1 cm 程下げる．

　注意：**急激な温度変化は試料ホルダーと試料の温度が熱平衡ではなくなり，測定に誤差を生ずることになる．**

(10) −180°C を過ぎてからは温度低下が極めてゆっくりになるので，「下げ，停止線」位置まで一気に下げ（ガラス管，魔法瓶の破損に注意），液体窒素温度付近で，端子間電圧 V_+，V_- が同値になることを確認（ゼロ電気抵抗の確認）するまで測定をする．

(11) 測定が終了したならば，試料容器（ガラス管）をゆっくりと引き上げ，室温付近まで戻す．**急激な温度変化を与えないように注意する．**

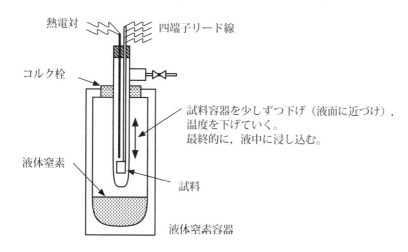

図 6: 低温特性測定の概略

(iii) 計算

　各温度に対する超伝導体の端子間電圧 V を 4 端子法で測定し，抵抗値 R を計算から求める．温度に対する，正方向電圧 V_+，負方向電圧 V_-，端子間電圧 $V = \{(V_+) - (V_-)\}/2$，抵抗値 $R = V/I$ を記録するための表を作成しておく．

(1) 端子間電圧 V と電流値 I から試料の抵抗 $R = V/I$ を計算する．

(2) 横軸に温度 T，縦軸に電気抵抗 R をとり，実験データをグラフにする（図7参照）．超伝導体の電気抵抗 R は，端子間電圧/電流（V/I）より，計算で求める．

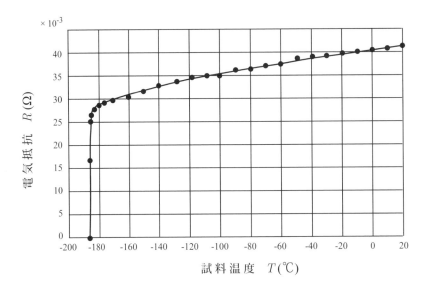

図 7: 超伝導体の抵抗-温度特性（試料: $YBa_2Cu_3O_n$）

（iv）観察

超伝導のもう一つの現象，完全反磁性（マイスナー効果）の現象を確認する．これは，図8に示すように磁石の磁力線が超伝導体の中に入れず，はねのけられ，この磁力線の反発力を受け，磁石が空中に浮く現象である．電気抵抗測定の実験が終了してから，この実験を行う．この実験は必ず，指導担当者の指示にしたがって行うこと．

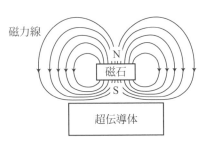

図 8: 完全反磁性により浮上した磁石

【検討事項】

（ⅰ）実験で使った超伝導体の，0°C と −100°C における抵抗率（体積抵抗率）ρ_0 と ρ_{-100} を求めよ．抵抗率 ρ (Ω·m) は，抵抗値 R (Ω)，電圧端子間距離 ℓ (m)，幅 d (m)，厚み t (m) を用いて，次の関係式

$$R = \frac{V}{I}$$

$$\rho = \frac{S}{\ell} \cdot R$$

から求めることが出来る．ただし，$S = d \times t$ (m²) は試料の断面積である．

また，いくつかの金属の 0°C と −195°C での抵抗率を理科年表等で調べ，この実験で使用した超伝導体の抵抗率の違いについて簡単に述べよ．

（ⅱ）常温付近で金属の抵抗率 $\rho(T)$ は，温度 T に対して，以下のようにほぼ直線的に変化する．

$$\rho(T) = \rho_0 \{1 + \alpha(T - T_0)\}$$

α (1/K) を**温度係数**と呼ぶ．(ⅰ) のように，0°C と −100°C での抵抗率が分かっていれば，−100°C と 0°C での平均温度係数 $\alpha_{-100,0}$ は，

$$\alpha_{-100,0} = \frac{1}{\rho_0} \cdot \frac{\Delta\rho}{\Delta T} \quad \left(\Delta\rho = \rho_{-100} - \rho_0 , \quad \Delta T = T_{-100} - T_0 = -100°C\right) \tag{1}$$

から求めることが出来る．上式を使って，この実験で使用した超伝導体の −100°C と 0°C での平均温度係数 $\alpha_{-100,0}$ を求めよ．また，(ⅰ) で調べた金属の −195°C と 0°C での平均温度係数 $\alpha_{-195,0}$ を計算し，超伝導体の $\alpha_{-100,0}$ との違いについて簡単に述べよ．

【参　考】

絶対温度

絶対温度は K (ケルビン Kelvin) という単位で表され，絶対温度の目盛りの間隔はセ氏温度と等しく，−273.15°C を 0 K として，定められている．絶対温度 T (K) とセ氏温度 t (°C) との間には

$$T = t + 273.15$$

の関係がある．例えば，27°C はほぼ 300 K に等しい．

9

【参考書】

(i) 中村堅一　著　「一般物理学」　（朝倉書店）

(ii) 大槻義彦　著　「物理学 II」　（学術図書出版）

(iii) 北田正弘　他共著　「未来をひらく超伝導」　（共立出版）

(iv) 中島貞雄　著　「超伝導」　（岩波新書）

(v) 大塚泰一郎　著　「超伝導の世界」　（講談社 ── ブルーバックス　──）

(vi) 福山秀敏　他共著　「セミナー高温超伝導」　（丸善）

実 験 ノ ー ト

気象条件の記録　天候：＿＿＿＿＿　気温：＿＿＿＿＿　湿度：＿＿＿＿＿　気圧：＿＿＿＿＿＿

10 ヤング率の測定 _{（ユーイングの方法）}

【目 的】

固体には，力を加えればそれに応じた変形が生じ，力をとり去れば元にもどる性質があり，これを弾性という．力の大きさと変形量との関係を示す量として弾性定数が定義されている．ここでは，そのうちのヤング率（Young's modulus）を，ユーイング（Ewing）の装置で求め，その原理を理解する．また，微小変位の測定手段として応用範囲の広い，光てこの方法も学ぶ．

【原 理】

（i）ヤング率

ヤング率とは固体の弾性定数の一つである．例えば図1のように，断面積 S の棒の両端を力 F で引張るとき，その長さ x が Δx だけ伸びたとすると，ヤング率 E は

$$E = \frac{\dfrac{F}{S}}{\dfrac{\Delta x}{x}} = \frac{Fx}{S\Delta x} \tag{1}$$

と定義される．この式は力の大きさがある限度（弾性限界）以下の場合に成立する．

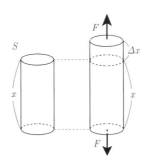

図 1: 断面積 S，長さ x の棒を力 F で引張るときの棒の伸び

10

いま，棒がたわむ場合を考えてみよう（図2）．棒の曲りの外側では伸び，内側では縮みが生じている．この変形が弾性的に生じているのなら，この曲げに要する力と変形の大きさとを測れば，棒のヤング率を求めることができるはずである．ユーイングの装置とは，この考えを具体化したもので，棒に荷重をかけることによるたわみを測定し，これを巧みに伸び縮みの関係に移しかえて，ヤング率を求めるものである．

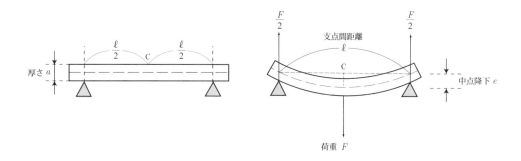

図 2: 両端を支持したときの棒のたわみ（Cは2つの支点の中点）

二つの支点間に角形断面の棒をわたし，その中央におもりをつるすと棒はたわみ，中央が降下する．この降下の大きさを中点降下といい，これを e とすると，e は理論上次式で表わされる．

$$e = \frac{Mg\ell^3}{4Ea^3b} \tag{2}$$

ここに，M はおもりの質量，g は重力加速度，ℓ は支点間の距離，E は棒の材料のヤング率，a は棒の厚さ，b は棒の幅である．この式を変形すればヤング率は

$$E = \frac{Mg\ell^3}{4a^3be} \tag{3}$$

として求められる．ここで，g の値は知られており，M，ℓ，a，b は，簡単に測定し得るので，微小変位 e の測定が本実験での主題となる．ここでは，e を光てこを用いて測定する．

(ii) 光てこ

光てこは微小変位を観測する装置で，図3に示すように3本の足のついた平面鏡と尺度付望遠鏡とから構成される．鏡の支持台の3本の足のうち，AとBの二本は固定した補助棒上に，Cは変位の生ずる試料棒上になるようにおかれる．尺度付望遠鏡は，望遠鏡をのぞいて鏡に反射した尺度を観察するために使用されるもので，鏡に向って水平方向十分に離れた位置（約1m）に，望遠鏡が鏡とほぼ同一の高さになるようにおかれる．試料棒がたわむことによってCが上下すると，この鏡はABを結ぶ線を支点として傾きを変える．

望遠鏡をのぞいて鏡に反射した尺度を観察すれば，Cの上下に応じて尺度の目盛が変化する．いま，はじめの状態での尺度の目盛の読みを y，変位が生じた後の読みを y' とし，このとき鏡

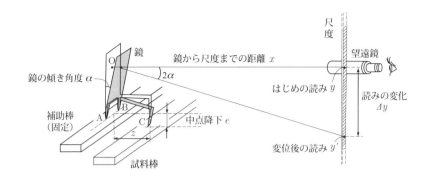

図 3: 光てこの原理（A, B, C は鏡の足．e は中点降下）

が微小な角度 α（単位はラジアン）だけ傾いたとすると，反射の法則から $\angle yOy'$ は 2α となる．鏡の面から尺度上の目盛 y までの距離を x とすれば

$$\frac{\Delta y}{x} = \tan 2\alpha \fallingdotseq 2\alpha \tag{4}$$

の関係が近似的に成り立つ．したがって，求める変位の大きさ e は，鏡の 2 本の足 A，B を結ぶ直線と C の足との垂直距離を z とすれば，比例関係から近似的に以下の式で求められる．

$$e \fallingdotseq z\alpha = \frac{z \cdot \Delta y}{2x} \tag{5}$$

なお z は，足 ABC は三角形を形成するので，

$$s = \frac{AB + BC + CA}{2} \tag{6}$$

として，

$$z = \frac{2\sqrt{s(s - AB)(s - BC)(s - CA)}}{AB} \tag{7}$$

の式で求められる．

【使用器具】

　ユーイングの装置一式（試料棒支持台，つり金具，質量 200 g のおもり 7 個），尺度付望遠鏡（図 4），光てこ用の鏡（図 5），試料棒（鉄，銅，アルミのいずれか），補助棒（真ちゅう），金尺，スタンド付き直尺，ノギス，マイクロメーター
　(注) ノギス，マイクロメーターの使用方法　（p. 9）を参照

10

【実　験】

　測定は測定ごとに指定された回数，場所を変えて繰り返し行い，各測定の終了ごとに平均値を求めることが望ましい．

図 4: ユーイングの装置と尺度付望遠鏡

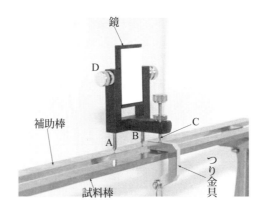

図 5: 光てこ用鏡の設置法（A, B, C は鏡の足．D は鏡の傾き調整ネジ）

（ i ） 測定とデータ整理

(1)　試料棒支持台の水平な二つのエッジ間の距離 ℓ を金尺を使って数回測る．

(2)　二つのエッジに試料棒と補助棒を平行にしてわたし，エッジ間の中央につり金具をつるす．

(3)　光てこ用の鏡の 3 本の足のうち，本体直下の 2 本（図 5 の A，B）は補助棒に，もう 1 本（図 5 の C）は試料棒中点上につるしたつり金具の穴を通して試料棒にのせる．

(4) 1 m 以上離れた机の他端に尺度付望遠鏡をおき，望遠鏡が鏡とほぼ同一の高さになるように して鏡内に生じた尺度の像を望遠鏡の視野の中にとらえる．鏡と尺度付望遠鏡の相対位置の細かな調整は以下の手順で行う．

(a) まず望遠鏡をのぞかず鏡筒の上からその延長線上の鏡の中を見通し，尺度が鏡に映るように鏡の上下左右の傾きを調節する．左右の調整は足 C を中心に鏡を回転させる．

(b) 望遠鏡をのぞき，視野に鏡をとらえる．

(c) 接眼部の視度調整環 E を回して視野内の十字線にピントを合わせる．

(d) 望遠鏡鏡筒の焦点ハンドル F を回して鏡に映る尺度に大まかにピントを合わせる（G は別途指示がない限り伸縮させないこと）．

(e) 望遠鏡にできるだけ近い位置（高さ）にある尺度の目盛が十字線の位置にくるように，D をゆるめて鏡の傾きを調節する．

(5) 鏡から尺度の y_0 までの間の距離 x をスタンド付き直尺（スケール）で測る．スタンド付き直尺を望遠鏡と鏡の近くに置き，位置を変えながら 3 回測定する．

(6) 補助錘として質量 200 g のおもりを 2 個をつり金具にかけ，望遠鏡の視野の十字線上に見える尺度目盛 y_0 を読みとる．

(7) おもりを 1 個ずつ増やしたときの尺度の読み $y_1, y_2, \cdots, y_5$ を測定する．次いで，おもりを 1 個ずつ減らしたときの尺度の読み $y_5', y_4', \cdots, y_1', y_0'$ を同様に測定し，増重時と減重時の**荷重と尺度の読みの関係をグラフ用紙に描く**（尺度の読み y_0 と y_0' での荷重を 0 g とすること）．描いたグラフから荷重と尺度の読みの関係が比例関係（測定点が 1 つの直線上にある）になっていることを確認する．

(8) 試料棒の厚さ a をマイクロメーターで，幅 b をノギスで測定する．

(9) 光てこの補助棒上の 2 つの支点 A，B を結ぶ直線に，試料棒上の支点 C から下ろした垂線の足の長さ z を求めるために，間隔 AB，BC，CA を次のようにして測定する．

(a) 光てこの 3 本の脚をカーボン紙と白紙を重ねた上に押しつけ，紙についた足の跡に印を付ける．

(b) それぞれの印の間 AB，BC，CA の距離をノギスで測る．

（ii）**計算**

(1) 光てこの補助棒上の 2 つの支点 A，B を結ぶ直線に，試料棒上の支点 C から下ろした垂線の足の長さ z を式 (6) と式 (7) より求める．

(2) 各荷重での尺度の読みの平均値 $\overline{y}_0, \overline{y}_1, \overline{y}_2, \cdots, \overline{y}_5$ を求める．

(3) (2) で求めた尺度の読みの平均値を表 6 に整理して，おもり 3 個分の質量（600 g）に対する尺度の読みの変化量 Δy の平均値 $\overline{\Delta y}$ を求める．

(4) (3) で求めた $\overline{\Delta y}$ と式 (5) より，$M = 600$ g に対する中点降下の値 e を求める．

(5) 式 (3) を用いて，ヤング率の値 E を求める．

10

【検討事項】

（ⅰ）この実験で得られたヤング率の値を，理科年表等で調べた値と比較して，その誤差率を示せ．また，誤差の原因としてどんなことが考えられるか，その理由についても示しなさい．

【参　考】

棒のたわみからヤング率を求める式の補足説明

　ここでは，測定原理の項で示した (2)，(3) 式が導かれるまでを，ベルヌーイ（D. Bernoulli）の考察に従って説明し，断面形状の異なる試料棒を用いて測定する場合の参考とする．

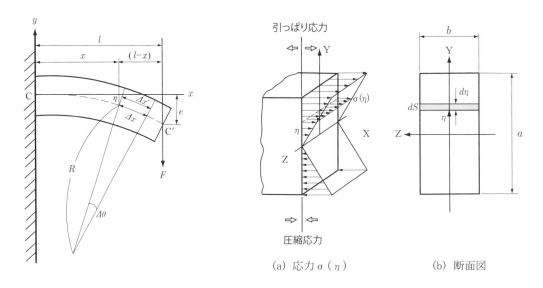

図 6: 棒のたわみ（左図）と断面内の応力（右図）

　まず，簡単のために図 6（左図）のように，左端を壁に取り付けた長さ l の棒の右端を力 F でたわませた場合について考えてみよう．棒の右端に加えた力 F によって生じる曲げのモーメント N は，位置 x のところで，

$$N = (l - x)F \tag{8}$$

である．この曲げのモーメント N は，棒の断面内の厚さ方向（η 方向）に垂直応力 $\sigma(\eta)$ をもたらす．ヤング率を定義する (1) 式で，応力を σ，ひずみを ε とすれば (1) 式は，

$$E = \frac{\sigma}{\varepsilon} \tag{9}$$

となる．

図 6（左図）において，C-C′ をひずみのない面（中立面）とし，R をたわみの曲率半径として，曲率の中心の回りに $\Delta\theta$ 回転したときに中立面にできる微小長さを Δx，中立面から η だけ上にできる微小長さを $\Delta x'$ とすると，ひずみ ε は，

$$\varepsilon = \frac{\Delta x' - \Delta x}{\Delta x} = \frac{\{(R+\eta)\Delta\theta - R\Delta\theta\}}{R\Delta\theta} = \frac{\eta}{R} \tag{10}$$

となる．断面内に生じた応力 σ による曲げのモーメント N は，断面の中立面から η だけ離れた位置での微小面積を dS として，

$$N = \int \sigma\eta dS = \int E\varepsilon\eta dS = \frac{E}{R}\int \eta^2 dS = \frac{EI_z}{R} \tag{11}$$

となる．ここで，$I_z = \int \eta^2 dS$ は，断面 2 次モーメントと呼ばれ，中立軸（z 軸）のまわりでの物質密度を 1 とおいた薄板の慣性モーメントに等しい．

さて，棒の中立面の形を表す曲線の方程式を $y = f(x)$ とすると，曲率半径 R は

$$\frac{1}{R} = \frac{\left|\dfrac{d^2 y}{dx^2}\right|}{\left\{1 + \left(\dfrac{dy}{dx}\right)^2\right\}^{\frac{3}{2}}}$$

で与えられるが，ここでのたわみは小さくて $(dy/dx)^2$ が 1 に対して無視できるから，分母は 1 としてよい．また，y は上に凸であるから，R は

$$\frac{1}{R} = -\frac{d^2 y}{dx^2} \tag{12}$$

となる．(11) 式に (8) 式と (12) 式を用いると，次の微分方程式が得られる．

$$\frac{d^2 y}{dx^2} = -\frac{F}{EI_z}(l - x) \tag{13}$$

これを境界条件 $x = 0$ で $y = 0$，$dy/dx = 0$ を考慮して積分すれば，

$$y(x) = \frac{F}{6EI_z}(3lx^2 - x^3) \tag{14}$$

となる．したがって，棒の先端が降下した量 e（棒のたわみ）は，

$$e = y(l) = -\frac{Fl^3}{3EI_z} \tag{15}$$

となる．負の符号は棒の先端に加えた加重によって，棒端が降下することを示している．

10

　ここで，実験で用いたように，棒の両端を固定して棒の中央に荷重を加えたときのたわみについて考察してみよう（図2）．この場合の棒のたわみは，棒の中央を水平に固定して，端に上向きに $F/2$ の力を加えたと考えて，式（15）において長さを $l/2$，力を $F/2$ と置き換え，図を逆さにすれば片端固定の場合と等しく考えることができる．つまり，ヤング率は，

$$E = -\frac{Fl^3}{48eI_z} \tag{16}$$

となる．

　ヤング率を求めるには，式（16）に断面2次モーメント I_z および荷重 F を代入すればよい．I_z は試料の形状に依存して，例えば，矩形断面，円形断面では次のようになる．

$$I_z \quad = \quad \frac{a^3 b}{12} \quad ：厚さ\, a,\ 幅\, b\, の矩形断面$$

$$I_z \quad = \quad \frac{\pi d^4}{64} \quad ：直径\, d\, の円形断面$$

【参考書】

（ⅰ）小田，大石 共著「物理実験入門」（裳華房）

（ⅱ）水野善右ヱ門 共著「基礎物理学実験」（培風館）

（ⅲ）金原寿郎 編「基礎物理学　上巻」（裳華房）

（ⅳ）原島鮮 著「教養物理学」　（学術図書出版社）

（ⅴ）大槻義彦 著「物理学Ⅰ」（学術図書出版社）

（ⅳ）現在授業で使用中の物理学の教科書

ヤング率の測定：データ記録シート

下記表の空欄に測定値を，カッコ（　）内には単位を記入して整理する．

（1）試料支持台エッジ間距離 ℓ の測定

表1　エッジ間距離

測定回数	左側の読み（　　）	右側の読み（　　）	エッジ間距離 ℓ（　　）
1			
2			
3			
4			
5			
平　　均			

（2）鏡面と望遠鏡スケール間の距離 x の測定

表2　鏡面から望遠鏡スケール間距離

測定回数	左側の読み（　　）	右側の読み（　　）	距　離　x（　　）
1			
2			
3			
平　　均			

10

(3) 光てこを用いた荷重に対する尺度変位量の測定

表3　荷重と尺度の読み

荷　　重	尺度の読み y_i （　　　）		平均値　$\overline{y_i}$
	増重時	減重時	（　　　）
初期状態*	$y_0 =$	$y_0' =$	$\overline{y_0} =$
200 g	$y_1 =$	$y_1' =$	$\overline{y_1} =$
400 g	$y_2 =$	$y_2' =$	$\overline{y_2} =$
600 g	$y_3 =$	$y_3' =$	$\overline{y_3} =$
800 g	$y_4 =$	$y_4' =$	$\overline{y_4} =$
1000 g	$y_5 =$	$y_5' =$	$\overline{y_5} =$

*補助おもり2個をつるした状態

(4) 試料棒の厚さ a および幅 b の測定

試料棒の材質　　　＿＿＿＿＿＿＿＿＿＿＿

表4　試料棒の厚さ a および幅 b

測定回数	厚さ　a（　　　）			幅　b
	0点の読み	挟んだ時の読み	厚さ　a	（　　　）
1				
2				
3				
4				
5				
平　　均				

（5）光てこにおける支点間垂直距離 z の測定

表5　光てこの脚間距離

測定回数	AB （　　）	BC （　　）	CA （　　）
1			
2			
3			
平均			

　光てこの二本の脚 A，B を結ぶ直線と C の脚との垂直距離 z は，AB，BC，CA の各間隔の平均値を下式に適用して求める．

$$s = \frac{AB + BC + CA}{2} = \underline{\hspace{4cm}} (\quad)$$

として，

$$z = \frac{2\sqrt{s(s - AB)(s - BC)(s - CA)}}{AB} = \underline{\hspace{4cm}} (\quad)$$

10

(6) 尺度の読みと荷重 600 g に対する読みの変化 Δy の関係

表6　尺度の読みと荷重 600 g に対する読みの変化 Δy

尺度の読み（　　）		荷重 600 g に対する読みの変化 Δy（　　）
$\overline{y_0} =$	$\overline{y_3} =$	$\overline{y_3} - \overline{y_0} =$
$\overline{y_1} =$	$\overline{y_4} =$	$\overline{y_4} - \overline{y_1} =$
$\overline{y_2} =$	$\overline{y_5} =$	$\overline{y_5} - \overline{y_2} =$
平　　均		$\overline{\Delta y} =$

実 験 ノ ー ト

気象条件の記録 天候：＿＿＿＿＿＿ 気温：＿＿＿＿＿＿ 湿度：＿＿＿＿＿＿ 気圧：＿＿＿＿＿＿＿＿

10

実験ノート

10

11 熱の仕事当量の測定 <small>（電流の発熱作用による方法）</small>

【目　的】

　熱量計内の抵抗線を電流が流れることによって消費される電力量（J）「ジュール」と水温の上昇より求められる水の得た熱量（cal）「カロリー」から仕事と熱量の変換定数である熱の仕事当量 J を求める.

【原　理】

　熱はエネルギーの一種であり, 他のエネルギーに変換することができる. いま, 電流を流すのに必要な仕事 W（J）が Q（cal）の熱量に変わったとすると, 両者の関係は次の式で表される.

$$W = J \cdot Q \tag{1}$$

J を熱の仕事当量とよぶ. 熱量計（銅容器, かくはん器, 抵抗線, 温度計など比熱の異なる物質から成る）の温度を 1 K 上げるのに必要な熱量が w（cal）であるとき, この熱量計を水の質量に換算すれば水の比熱が $c_0 = 1$ cal/(g・K) であるので w（g）の水に相当する. これをこの熱量計の水当量は w（g）であるという.[*1]

　いま, 水当量 w（g）の熱量計に質量 m_0（g）水を入れこの中に抵抗線を浸し, Δt 秒間電流 I（A）を流すことを考える. このとき電流を流すのに必要な仕事（電力量）は, 抵抗線の両端の電圧が V（V）であるならば $W = V \cdot I \cdot \Delta t$（J）であり, また, 水および熱量計が θ_1（℃）から θ_2（℃）に上昇したならば, これらが得た熱量は, $Q = c_0(m_0 + w)(\theta_2 - \theta_1)$ である. ここで c_0（cal/(g・K)）は水の比熱である.

　式（1）より,

$$VI\Delta t = J \cdot c_0(m_0 + w)(\theta_2 - \theta_1) \tag{2}$$

したがって,

$$J = \frac{VI\Delta t}{c_0(m_0 + w)(\theta_2 - \theta_1)} \tag{3}$$

となり, これから熱の仕事当量 J（J/cal）を求めることができる.

[*1] 熱量計の質量を M, 比熱を c_t とすれば, 熱量計の水当量 w は $w = Mc_t/c_0$ である.

11

【使用器具】

水熱量計，かくはん器，クロメル・アルメル熱電対，温度指示計，抵抗線，直流安定化電源，デジタルマルチメータ2台，電子天秤，ストップウォッチ

【実　験】

（i）測定・データ整理

(1) はじめに，水熱量計，電源，デジタルマルチメータ2台を配線する（図1）．ここで，水熱量計の構造は図2に示すように，銅容器，抵抗線，クロメル・アルメル熱電対（温度センサー），かくはん器から構成され，銅容器の周囲は発泡スチロールで覆われている．

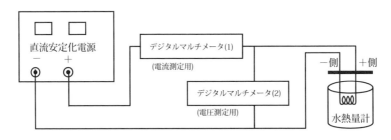

図 1: 配線図

(2) 水熱量計から銅容器とかくはん器（つまみを取り除く）を取り出す．それらを一緒にして電子天秤で $1/100$ g まで測定し m_{Cu}（g）とする．つづいて，この銅容器に7分目まで水を入れたときの質量 m（g）を測定し，始めに測定した m_{Cu} との差から水の質量 m_0 を求める．

(3) 水が入った銅容器にかくはん器をセットし外箱の内部に戻しふたをする．このとき，ヒーターが水の中に入っていることを確認する．つづいて，水中にクロメル・アルメル熱電対（温度センサー）を入れる．この時，ヒーター線に熱電対が接触しないようにする．

(4) 配線を確認した後，電源の調整つまみを最小にしてからスイッチを入れる．この実験におけるデジタルマルチメータの用途は，抵抗線を流れる電流測定用と端子間電圧測定用である．デジタルマルチメータ（1）を電流測定用にデジタルマルチメータ（2）を電圧測定用とする．図3を参照しながら使用するキーを確認する．特に電流測定で使用する電流値に注意すること．ここで使用する電流値の「RANGE」は 10 A である．

(5) 以下のようにして抵抗線に一定電流 I が流れるよう調節する．なお，この作業は実際に抵抗線に電流を流して行うため，抵抗での発熱作用により水温が上昇してしまう．なるべく短時間で終わらせるほうが良い．
　　直流安定化電源の「POWER」をON する．続いて，電源側の出力スイッチ「OUTPUT」

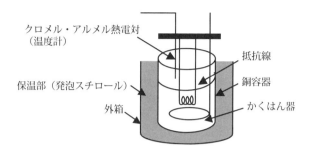

図 2: 水熱量計の構造

ボタンを押す（水熱量計に取り付けた抵抗線に電流が流れる）．電流計「デジタルマルチ
メータ（1）」を見ながら，電流「CURRENT」調整つまみを右側に回す．電源本体中央
部「CV」ランプが点灯（緑色）したならば，電圧「VOLTAGE」調整つまみを右側に回
し，「CC」ランプが点灯（赤色）するようにする．所定の電流値に達していない場合は，
再度「CURRENT」調整つまみを右側に回し抵抗線に一定電流が流れるようにする．こ
こで，所定の電流値に達する間，「CV」ランプが点灯（緑色）するごとに，上記作業を繰
り返し，最終的に「CC」ランプが点灯（赤色）している状態にすること．

　所定値に達したなら抵抗線に流れる電流値および電圧値を記録し，電源本体の出力ス
イッチ「OUTPUT」ボタンを解除する（抵抗線に電流が流れなくなる）．

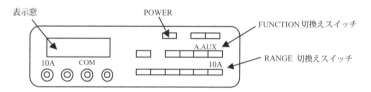

(a)　デジタルマルチメータ（1）（電流測定用）

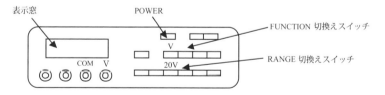

(b)　デジタルマルチメータ（2）（電圧測定用）

図 3: デジタルマルチメータ正面パネル

(6) 経過時間に対する熱量計内の水温の変化を調べる．これより先の操作は連続的に行うの
で，作業内容をよく確認してから実験を開始すること．実験全体の経過時間をあらかじ
め確認し，データ記入用の表を作成しておくと実験がスムーズに進められる．

　　銅容器内の水をゆっくりとかくはんし，水温がほぼ落ち着いたときの温度をクロメル・
アルメル熱電対で測定する．これを経過時間 $t = 0$ 分の水熱量計の水温とする．また，こ

のときの室温も同時に調べておく．さらにかくはんを続けながら 1 分間隔で 5 分間水温の変化を記録する．続いて，電源本体の出力スイッチ「OUTPUT」ボタンを押して抵抗線に電流を流す．かくはんを続けながら 1 分間隔で 7 分間水熱量計内の水温を測定する．また，その時の抵抗線に流れる電流および端子間電圧値も測定する．なお，通電中は熱量計内の水を常にかくはんし，出来るだけ水温が均一になるようにすること．7 分間通電を行った後，ただちに出力スイッチ「OUTPUT」ボタンを押して抵抗線に電流を流すのを止め，さらにかくはんを続けながら 5 分間熱量計内の水温を測定する．この実験の場合，熱量計内の水温と周囲の温度にはわずかではあるが温度差が生じている．

(7) 同様にして，抵抗線に流す電流値を変えて実験を行う．このとき，**熱量計の水を必ず取り替えること**．

（ii）計算

(1) それぞれの電流値に対する経過時間と熱量計の水温の変化を**グラフ用紙に作図する**（図 4 を参照）．

(2) (1) で作図したグラフは，**電流を流す前，通電中，電流を流した後**，の 3 つの領域に分けることが出来る．それぞれの電流値に対して，各領域ごとに直線を，直線のまわりに測定点が均等に分布するように引く（図 4 の直線を参照）．

(3) (2) で引いた通電中の直線の傾き（直線の勾配）α (K/s) は，単位時間当たりの温度上昇率 $\Delta\theta/\Delta t$ を与える．傾き α を，通電中の領域に引いた直線上に任意の 2 点 (t_1, θ_1), (t_2, θ_2) を取り，

$$\alpha = \frac{\Delta\theta}{\Delta t} = \frac{\theta_2 - \theta_1}{t_2 - t_1} \tag{4}$$

として求める．t_1 と t_2 の差をなるべく大きく取ること．

　＊それぞれの電流値に対して α を計算すること，

(4) 水熱量計（銅容器と銅製かくはん器）の水当量を求める．水当量は，銅の比熱 $c_{\mathrm{Cu}} = 0.09197$ cal/(g·K) として，$w = m_{\mathrm{Cu}} c_{\mathrm{Cu}} / c_0$ (g) から計算することができる．なお，ここではクロメル・アルメル熱電対の水当量は考えに入れなくても良い．

(5) 通電中に抵抗線で発生した単位時間あたりの熱量は電流と電圧のかけ算から求めることが出来る．通電中の電圧値と電流値の平均，$\overline{V}$ と $\overline{I}$ を求め，$\overline{V}\,\overline{I}$ を計算する．

(6) 熱の仕事当量 J は，(3) で求めた α と式 (3) から以下のように計算することができる．

$$J = \frac{\overline{V}\,\overline{I}}{c_0(m_0 + w)\alpha} \tag{5}$$

水の比熱を $c_0 = 1.00$ cal/(g·K) として，それぞれの電流値に対して J を計算し，その**平均を求める**．

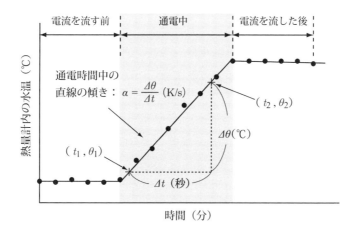

図 4: 時間と熱量計内の水温の関係

【検討事項】

(ⅰ) この実験で求めた熱の仕事当量を理科年表の値と比較して誤差率を計算しなさい.

(ⅱ) 以下の各設問の答えを検討し, 誤差の原因について考察しなさい.

- 銅容器の周囲を発泡スチロールで覆っているのはなぜか.

- 電源の調整つまみを最小にしてからスイッチを入れるのはなぜか.

- 抵抗線に電流を流している間, かくはんを行わないと熱量計内の水温測定にどのような影響が生じると考えられるか.

- 抵抗線に電流を流す前後で数分間, 熱量計内の水温を測定しているのはなぜか.

- 図から通電中における経過時間と熱量計の水温の関係を述べなさい.

- 熱量計の水当量を計算に入れないと仕事当量の結果にどのような影響があるか.

【参 考】

絶対温度

絶対温度は K (ケルビン Kelvin) という単位で表され, 絶対温度の目盛りの間隔はセ氏温度と等しく, $-273.15°C$ を 0 K として, 定められている. 絶対温度 T (K) とセ氏温度 t (°C) との間には

$$T = t + 273.15$$

の関係がある. 例えば, 27°C はほぼ 300 K に等しい.

11

【参考書】

（ⅰ）吉田，武居 共著「物理学実験」（三省堂）

（ⅱ）原島鮮 著「教養物理学」（学術図書出版社）

（ⅲ）現在授業で使用中の教科書

実験 ノート

11

12 弦の振動実験

【目　的】

　弦を振動させるとき，弦にかかる張力が大きいほど復元力が強くなるため弦の振動数は高くなる．また，弦の質量（線密度）が大きいほど慣性が大きくなるため，振動数は低くなる．両端を固定した弦を振動させたときに弦を伝わる波がどのような性質を示すか確かめ，また，弦を伝わる横波の速さについて調べる．

【原　理】

　両端を固定した弦に，バイブレーター（励振器）と低周波発振器で振動を与える．振動は弦を伝わり，両固定端で反射され，反射波と入射波が重なり合って定常波（定在波）が生じる．

　単位長さあたりの質量（線密度）ρ の弦が張力 T で張られたとき，この弦に伝わる横波の速さ V は，

$$V = \sqrt{\frac{T}{\rho}} \tag{1}$$

で与えられる．線密度 ρ が一定であれば，速さ V は張力 T のみに依存する．

　発振器を調節して弦に定常波を生じさせると，そのときの弦の振動の波長 λ と弦の固有振動数 ν との関係は，

$$\nu = \frac{V}{\lambda} = \frac{1}{\lambda}\sqrt{\frac{T}{\rho}} \tag{2}$$

となる．

　両固定端の間に生じる定常波の n 倍振動の波長 λ_n は弦の固定端距離を L とすれば，$\lambda_n = \dfrac{2L}{n}$ となる．したがって，弦の固有振動数 ν_n は，

$$\nu_n = \frac{V}{\lambda_n} = \frac{n}{2L}\sqrt{\frac{T}{\rho}} \tag{3}$$

と示される．

12

【使用器具】

弦の実験装置，低周波発振器，バイブレーター，ジャッキ，おもり，弦（鋼鉄線，銅線，真鍮線；$\phi 0.20$ mm，木綿糸など），電子天秤2種（0.0001 g用，0.01 g用），メジャー

【実験1】　張力と固有振動数の関係

図1にこの実験で使用する弦の実験装置を示す．弦の振動源にバイブレーターを使い，励振用電源として低周波発振器を用いる．発振器の周波数（振動数）を変えると，弦の両固定端間に定常振動が生じる．この時の弦の張力と固有振動数の関係を測定する．

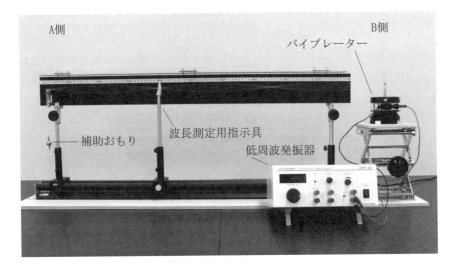

図 1: 弦の実験装置全体図

（i）測定とデータ整理

(1) 使用する弦の種類および補助用おもりの質量 m を確認し，記録する．

(2) おもり $M_1 \sim M_4$ の質量を電子天秤で 1/100 g まで計測し，表1に整理する．

(3) 補助用おもりを手に持ち，弦をなるべく張った状態で弦の実験装置 A 側（図1）の滑車に吊るす．

(4) 図2に低周波発振器正面パネルを示す．発振器の電源スイッチを入れ，周波数表示部が数 Hz になっているのを確認する．もし，数 Hz でない場合は発信周波数ダイヤルを反時計方向に回し，周波数を下げる．

(5) 周波数表示部を見ながら，発信周波数ダイヤルを少し回転させる（LED 表示が点滅し周波数が変わる）．このとき，周波数表示部の 1 Hz の桁の部分が点滅しているのを確認する．もし，点滅している部分が 1 Hz レンジでない場合は，発信周波数ダイヤルを押し（LED の点滅するレンジが変わる）1 Hz のレンジにする．

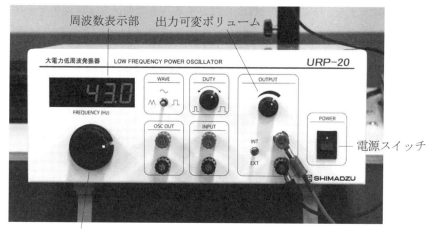

周波数表示部　出力可変ボリューム

電源スイッチ

発信周波数ダイヤル

図 2: 低周波発振器正面パネル

(6) M_1 のおもりを補助おもりにかけ，発信周波数ダイヤルでゆっくり回転させて弦の振動を変える．バイブレーターの振動パイプが上下に振動していないようならば，出力信号可変ボリューム（図2）を回して調整する．なお，弦が張られている背景は，弦の振動の様子を観察しやすくするために黒色としている．また，弦の実験装置には弦が実験途中で切れた場合の安全対策用として透明のカバーが付いている．

(7) さらに周波数ダイヤルを回し，弦の両固定端の間にできる波の腹の数 n が $n = 1, 2$ の状態にする．ただし，弦の振動（振幅）が大きすぎる，あるいは小さすぎるならば，低周波発振器の出力信号可変ボリュームを適宜調整し波形が観察しやすいようにする．そこで，$n = 3$ となる弦の固有振動数 ν_3 を測定する（ただし，弦に加える振動数は 200 Hz 以下の範囲とする）．

(8) 出力信号可変ボリュームを「0」に下げ，荷重を増やす．(7) からの作業を同様におこない，各荷重に対する $n = 3$ の弦の固有振動数 ν_3 を測定する．

(9) 各荷重に対する弦の固有振動数 ν_3 の測定を繰り返し行い，**3 回目の測定時に，各荷重に対する定常振動で弦に生じた 2 箇所の節の位置 x_1, x_2 を測定し，表にまとめる**（【実験 2】で使用するため）．位置の読み取りには，レール上にある移動可能な波長測定用指示具を使用し，弦の背景板に取り付けてあるスケールで読み取る．

(10) 実験終了後は，発信周波数ダイヤルを反時計回りに回転させ，周波数を数 Hz に戻しておく．

(11) 表に実験データを整理し，各荷重に対する固有振動数の平均値を求める．

（ⅱ）**計算**

(1) 実験で使用した各おもりの質量に，補助おもりの質量を加えて全体の質量 M を算出する．

12

(2) つぎに弦の張力 T を，$T = Mg$ (N) から計算する．重力加速度 g は理科年表等で調べる．

(3) 張力の平方根 $\sqrt{T}$ を求め，各荷重に対する張力の平方根と固有振動数 ν_3 の関係を表にまとめる．

(4) 横軸に $\sqrt{T}$，縦軸に ν_3 をとったグラフを作成して測定点を記入する．

(5) グラフより，張力の平方根 $\sqrt{T}$ と固有振動数 ν_3 の関係を原点を通る直線と仮定してデータ点を直線で結ぶ．

(6) 実験で使用した弦と同じ種類の弦について，長さ ℓ と質量 m_s を計測し，弦の線密度 $\rho_s = \dfrac{m_s}{\ell}$ を計算する．ただし，質量の計測は分析天秤（最小目盛 0.0001 g）を使う．

【実験2】　弦を伝わる横波の速さの測定

ここでは，張力 $T =$ 一定 の条件下で弦を伝わる横波の速さを，固定端に作られた腹の数から求められた波長と固有振動数との関係より求める．

（i）測定とデータ整理

(1) 補助おもりに，$M_1 + M_2$（荷重1）のおもりを掛ける．【実験1】と同様にゆっくりと発信周波数ダイヤルを上げ，定常振動により弦に作られる波の腹の数が $n = 1$ になるときの固有振動数 ν_1 を測定する．

(2) 続いて波の振動数を上げ，腹が $n = 2, 3, 4$ となる弦の固有振動数 ν_2, ν_3, ν_4 を測定する（ただし，弦の振動が大きいまたは小さい場合は，出力信号可変ボリュームで調整する）．

(3) おもりを (1) よりも増やし（$+ 50 \sim 80$ g：荷重2），定常振動における波の腹が $n = 1 \sim 4$ の弦の固有振動数を同様に測定する．

（ii）計算

(1) 【実験1】で測定した節間距離 $\Delta x = \dfrac{1}{2}\lambda$ の平均値 $\overline{\Delta x}$ を求め，これより固定端距離 L を求める．

(2) 定常振動における波の腹の数（$n = 1, 2, 3, 4$）に対する波長 $\lambda_1, \lambda_2, \lambda_3, \lambda_4$ を (1) で求めた L より求める．また，測定された固有振動数の逆数 $\dfrac{1}{\nu}$ を計算し，表にまとめる．

(3) 2つの荷重（荷重1：$M_1 + M_2$ および 荷重2：$M_1 + M_2 + 50 \sim 80$ g）について，横軸に $\dfrac{1}{\nu}$，縦軸に λ をとり，測定点 $\left(\dfrac{1}{\nu_n}, \lambda_n \right)$ を記入したグラフを作成する

(4) (3) で作成したグラフは原点を通る直線となる．各荷重に対して得られる2本の直線の傾き α_1, α_2 をグラフから読み取る．また，原理の式 (3) から，求めた傾きは，弦を伝わる横波の速さ V となっている．これらの傾きを式 (3) に代入することで弦を伝わる横波の速さ V が得られる．傾き α_1（荷重1）のときの速さを V_1，傾き α_2（荷重2）のときの速さを V_2 とする．

【検討事項】

（ⅰ）【実験1】の $\sqrt{T}$ と ν_3 のグラフの傾きから，実験で使用した弦の線密度 ρ は次のように計算できる．式 (3) で $n=3$ のとき，$\nu_3 = \frac{3}{2L}\sqrt{\frac{T}{\rho}}$ であるからグラフの傾きを α_0 とすると，$\alpha_0 = \frac{3}{2L}\sqrt{\frac{1}{\rho}}$ である．この式にグラフから読み取った傾き α_0 を代入して，線密度 ρ を求める．また，【実験1】で求めた線密度 ρ_s と，グラフの傾きから求めた弦の線密度 ρ を比較し，ρ_s に対する誤差率を求めなさい．

（ⅱ）【実験1】で求めた線密度 ρ_s と原理の式 (1) を使って（式 (1) の ρ に ρ_s を代入）弦を伝わる横波の速さを計算しなさい．このとき，荷重1のときの速さを $V_1{}'$，荷重2のときの速さを $V_2{}'$ とする．また，【実験2】のグラフの傾きから求めた横波の速さ V_1，V_2 と比較し，それぞれについて $V_1{}'$，$V_2{}'$ に対する誤差率を求めなさい．

【参　考】

弦を伝わる横波についての補足説明

　水平方向（x 軸）に張られた弦を考える．これを直角方向にはじくと振動し始め，弦に沿い波動として伝わっていく．この波動は，弦の変位方向と波の伝わる方向とが直角であるから横波である．

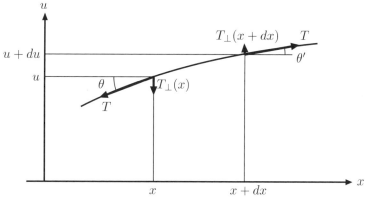

図 3: 弦を伝わる横波

　図3のように，線密度 ρ の弦に張力 T を加えて，その両端を固定する（ただし，弦に働く重力は考えないとし，張力を十分大きくとり，微小部分に働く重力は無視できると考えてもよい）．これを直角方向にはじいたとき，点 x と点 $x+dx$ で挟まれた弦の微小部分に注目する．振幅があまり大きくない限り，これら2点の張力の大きさは等しいが，向きがわずかに異なるために，弦と直角方向の力の成分の合力が復元力となる．点 x で張力が x 方向となす角を θ，点 $x+dx$ で張力が x 方向となす角を θ' とすると，点 x および点 $x+dx$ における張力の x 軸に垂直な成分 $T_\perp(x)$ および $T_\perp(x+dx)$ は，

$$T_\perp(x) = -T\sin\theta, \quad T_\perp(x+dx) = T\sin\theta'$$

と表され，弦の微小部分に働く合力 F は，

$$F = T_\perp(x + dx) + T_\perp(x) = T\sin\theta' - T\sin\theta = T(\sin\theta' - \sin\theta) \tag{4}$$

となる．θ, θ' が微小のとき，$\sin\theta \approx \tan\theta$，$\sin\theta' \approx \tan\theta'$ と近似でき，これらの正接は，弦の描く曲線状の点 x，$x + dx$ における接線の傾きに等しいから，式 (4) は，

$$
\begin{aligned}
F &= T(\sin\theta' - \sin\theta) \approx T(\tan\theta' - \tan\theta) \\
&= T\left\{ \left(\frac{\partial u}{\partial x}\right)_{x+dx} - \left(\frac{\partial u}{\partial x}\right)_x \right\} \\
&= T\left[\left\{ \left(\frac{\partial u}{\partial x}\right)_x + \left(\frac{\partial^2 u}{\partial x^2}\right)_x dx \right\} - \left(\frac{\partial u}{\partial x}\right)_x \right] \\
&= T\left(\frac{\partial^2 u}{\partial x^2}\right)_x dx
\end{aligned} \tag{5}
$$

に書き換えられる．3 番目の変形で，テイラー（Taylor）展開を用いて，$(dx)^2$ 以上の高次項を無視した近似を行った．

$$f(t, x + dx) = f(t, x) + \left(\frac{\partial f(t, x)}{\partial x}\right)_x dx + \frac{1}{2!}\left(\frac{\partial^2 f(t, x)}{\partial x^2}\right)_x (dx)^2 + \cdots$$

微小部分の質量は ρdx と表され，加速度は $\partial^2 u(t, x)/\partial t^2$ であることから，この部分に関する運動方程式を立てると，

$$\rho dx \frac{\partial^2 u(t, x)}{\partial t^2} = T\frac{\partial^2 u(t, x)}{\partial x^2} dx$$

となり，この両辺を dx で割れば，

$$\therefore \; \frac{\partial^2 u(t, x)}{\partial x^2} - \frac{\rho}{T}\frac{\partial^2 u(t, x)}{\partial t^2} = 0 \tag{6}$$

を得る．この式と速さ V で 1 次元空間を伝わる波動を表す方程式（波動方程式）

$$\therefore \; \frac{\partial^2 u(t, x)}{\partial x^2} - \frac{1}{V^2}\frac{\partial^2 u(t, x)}{\partial t^2} = 0$$

と比較すれば，方程式 (6) が速さ

$$V = \sqrt{\frac{T}{\rho}} \tag{7}$$

で弦を伝わる横波を表していることがわかる．

【参考書】

（ⅰ）現在授業で使用中の物理学の教科書．

（ⅱ）東海大学物理学実験連絡協議会編　「物理学実験」　(東海大学出版会)

（ⅲ）志村史夫　著　「したしむ振動と波」　(朝倉書店)

弦の振動実験：データ記録シート
下記表の空欄に測定値を，カッコ（　）内には単位を記入して整理する．

【実験1】　張力と固有振動数の関係

・　弦の種類　　　　　　：　_____

・　補助おもりの質量　$m =$　_____　（　　　　）

表1　おもりの質量

おもり	質量（　　　　）
M_1	
M_2	
M_3	
M_4	

表2　荷重と固有振動数の関係

荷重	固有振動数 ν_3 (腹の数 $n = 3$ の場合)　（　　　）			
	1回目	2回目	3回目	平均
$M_1 + m$				
$M_1 + M_2 + m$				
$M_1 + M_2 + M_3 + m$				
$M_1 + M_2 + M_3 + M_4 + m$				

表3　各荷重に対する節の位置 (腹の数 $n = 3$ の場合)

荷重	節の位置 (　　)		$\Delta x = x_2 - x_1$ (　　)
	x_1	x_2	
$M_1 + m$			
$M_1 + M_2 + m$			
$M_1 + M_2 + M_3 + m$			
$M_1 + M_2 + M_3 + M_4 + m$			

$$\overline{\Delta x} = \underline{\hspace{3cm}} \ (\quad)$$

・　弦の長さ $\ell = \underline{\hspace{3cm}}$　(　　)

・　弦の質量 $m_\mathrm{s} = \underline{\hspace{3cm}}$　(　　)

・　弦の線密度 $\rho_\mathrm{s} = \dfrac{m_\mathrm{s}}{\ell} = \underline{\hspace{3cm}}$　(　　)

・　重力加速度 g の実測値（地名：　　　　　）$g = \underline{\hspace{3cm}}$　(　　)

表4　張力 T と固有振動数 ν_3 の関係 (腹の数 $n = 3$ の場合)

荷重	質量合計 M (　　)	張力 T (　　)	張力の平方根 $\sqrt{T}$ (　　)	固有振動数 ν_3 (　　)
$M_1 + m$				
$M_1 + M_2 + m$				
$M_1 + M_2 + M_3 + m$				
$M_1 + M_2 + M_3 + M_4 + m$				

【実験2】　弦を伝わる横波の速さの測定

表5　波長と固有振動数の関係 (荷重_____の場合：荷重1)

腹の数 n	固有振動数 ν_n (　　)
1 $(\lambda_1 = 2L)$	$\nu_1 =$
2 $(\lambda_2 = L)$	$\nu_2 =$
3 $(\lambda_3 = \frac{2}{3}L)$	$\nu_3 =$
4 $(\lambda_4 = \frac{1}{2}L)$	$\nu_4 =$

表6　波長と固有振動数の関係 (荷重_____の場合：荷重2)

腹の数 n	固有振動数 ν_n (　　)
1 $(\lambda_1 = 2L)$	$\nu_1 =$
2 $(\lambda_2 = L)$	$\nu_2 =$
3 $(\lambda_3 = \frac{2}{3}L)$	$\nu_3 =$
4 $(\lambda_4 = \frac{1}{2}L)$	$\nu_4 =$

表7 波長 λ と固有振動数の逆数 $\dfrac{1}{\nu}$ の関係

腹の数 n	波長 λ_n （　）	荷重 1 ： $\dfrac{1}{\nu_n}$ （　）	荷重 2 ： $\dfrac{1}{\nu_n}$ （　）
1	$\lambda_1 = 2L =$	$\dfrac{1}{\nu_1} =$	$\dfrac{1}{\nu_1} =$
2	$\lambda_2 = L =$	$\dfrac{1}{\nu_2} =$	$\dfrac{1}{\nu_2} =$
3	$\lambda_3 = \dfrac{2}{3}L =$	$\dfrac{1}{\nu_3} =$	$\dfrac{1}{\nu_3} =$
4	$\lambda_4 = \dfrac{1}{2}L =$	$\dfrac{1}{\nu_4} =$	$\dfrac{1}{\nu_4} =$

実験ノート

12

12

著　　者

東京電機大学 東京千住キャンパス
物理実験テキスト編集委員会

松田七美男	東京電機大学 システムデザイン工学部 特定教授
長澤 光晴	東京電機大学 工学部 教授
川股 隆行	東京電機大学 システムデザイン工学部 教授
小倉 正平	東京電機大学 工学部 教授
森田 憲吾	東京電機大学 工学部 准教授
中西 剛司	東京電機大学 未来科学部 准教授
野村 肇宏	東京電機大学 工学部 講師
牛込 雅裕	東京電機大学 工学部 助手

物理実験（ぶつりじっけん）　第3版（だいさんぱん）　2024

2010 年 3 月 30 日	第 1 版	第 1 刷	発行
2013 年 3 月 30 日	第 1 版	第 4 刷	発行
2014 年 3 月 30 日	第 2 版	第 1 刷	発行
2016 年 3 月 30 日	第 2 版	第 3 刷	発行
2017 年 4 月 10 日	第 3 版	第 1 刷	発行
2024 年 3 月 30 日	第 3 版	第 8 刷	発行

著　　者　　東京電機大学（とうきょうでんきだいがく） 東京千住（とうきょうせんじゅ）キャンパス
物理実験（ぶつりじっけん）テキスト編集委員会（へんしゅういいんかい）

松田 七美男（まつだ なみお）　長澤 光晴（ながさわみつはる）　川股 隆行（かわまたたかゆき）

小倉 正平（おぐら しょうへい）　森田 憲吾（もりた けんご）　中西 剛司（なかにしたけし）

野村 肇宏（のむら としひろ）　牛込 雅裕（うしごめまさやす）

発 行 者　　発 田 和 子

発 行 所　　株式会社 学術図書出版社

〒 113-0033　　東京都文京区本郷 5 丁目 4 の 6
TEL 03-3811-0889　　振替 00110-4-28454
印刷　三松堂（株）

定価は表紙に表示してあります.